数学史
简明教程

高翔 张若军 编著

清华大学出版社
北京

内 容 简 介

本教材针对普通高等院校理工科专业一、二年级本科生,以"简洁性、唯物观、低起点"为理念编写。全书共分 6 章,论述了数学的主要分支,包括分析学、代数学、几何学、微分方程、概率论与数理统计的发展历程、应用、前沿热点,并穿插介绍了部分数学家故事、数学学派和数学大奖等内容。

根据低年级本科生的特点,本教材在论述上力求简明扼要,不追求面面俱到,着重思想方法的阐释,旨在帮助学生通过研读数学史更好地理解和学习大学数学课程。每章章末设置有参考题及扩展阅读资料,可供学生开展课外学习讨论和进一步思考。

本教材配有相应的电子资源——基于"清华教育在线网络教学平台"完成的混合网络课程"数学史",以便于教学和自学。本教材适合作为普通高等院校数学专业或其他对数学要求较高的理工科专业的数学史教材,同时也可作为对数学史感兴趣的读者的参考资料。

图书在版编目(CIP)数据

数学史简明教程 / 高翔,张若军编著. —北京:清华大学出版社,2023.4
ISBN 978-7-302-61126-4

Ⅰ.①数… Ⅱ.①高… ②张… Ⅲ.①数学史-教材 Ⅳ.①O11

中国版本图书馆 CIP 数据核字(2022)第 111980 号

责任编辑:佟丽霞 王 华
封面设计:常雪影
责任校对:赵丽敏
责任印制:刘海龙

出版发行:清华大学出版社
   网   址:http://www.tup.com.cn,http://www.wqbook.com
   地   址:北京清华大学学研大厦 A 座 邮 编:100084
   社 总 机:010-83470000   邮 购:010-62786544
   投稿与读者服务:010-62776969,c-service@tup.tsinghua.edu.cn
   质量反馈:010-62772015,zhiliang@tup.tsinghua.edu.cn
印 装 者:艺通印刷(天津)有限公司
经 销:全国新华书店
开 本:170mm×240mm 印 张:8.75   字 数:168 千字
版 次:2023 年 4 月第 1 版   印 次:2023 年 4 月第1次印刷
定 价:49.00 元

产品编号:082989-01

前　言

　　数学是人类文明的重要组成部分。自从有人类文明的萌芽，就有数学的身影，若从有史料记载的数学知识算起，数学科学已经经历了 5000 余年的积淀，它是人类智慧的结晶，是人类心智的荣耀。

　　古今中外，数学已经成为学校教育中历时最长的课程，也是令许多人感到深奥难懂且颇受争议的课程。但是，数学对人类思维的训练、对规则意识的培养、对意志品格的养成、对科学技术的巨大推动作用是不容置疑的，这使得数学成为人类社会极其重要、不可或缺、无可替代的角色。事实上，在一门门严谨有序的数学课程里，所包含的那些表面十分抽象、略显"冰冷生硬"的数学知识的背后恰恰是一个个具体的实际问题，以及历尽曲折甚至是看似繁杂无序的数学发现过程，其中所展现的历史，无论是科学方面的还是人文方面的，大多充满了生动的情节和跌宕的篇章。

　　"数学史"作为大学本科数学专业的一门课程，其开设历史并不长，上溯至20 世纪 90 年代末才在国内高校逐渐普及。该课程的目的是研究数学的历史，主要涵盖数学科学的各种概念、思想、方法、理论等的演变与发展的进程，同时探索影响数学发展的社会、文化等因素，以及数学的发展进步对人类文明带来的深远影响。因此，"数学史"的教学任务是让学习者纵观数学探源寻踪的历程，了解数学概念、理论背后的来龙去脉，数学发展史上的重大事件、重要问题，体会到数学的广泛应用，并能认识众多推动科学进展的数学大家，从他们的身上学习一些优秀的品质。若在数学史的学习过程中，学习者体会了数学的魅力，能公正客观地评价数学，进而提升探索数学奥秘的热情，那将更是令人欣喜的。

　　19 世纪德国数学史家 H.汉克尔（H.Hankel）曾评说："在大多数学科里，一代人的建筑为下一代人所摧毁，一个人的创造被另一个人所破坏。唯独数学，每一代人都在古老的大厦上添砖加瓦。"这句话已成为许许多多数学家或致力于数学史研究的人们的共识。这一方面说明，比之其他科学，数学更具有继承性和积累性，要理解和掌握数学的本质，正确预知数学的未来，就必须追踪溯源，博古方能通今；另一方面说明，数学科学源远流长，数学知识的大树经年累月，根深叶茂，极其庞大，要想窥其全貌，绝非易事。事实上，数学史的文献汗牛充栋、卷帙浩繁，数学史的教材在近 20 年来也林林总总出版了数十种之多。每一种数学史教材选材的角度可能不尽相同：有的按照历史发展的脉络，选取有影响的数学成就加以阐述；有的沿重大数学思想演变的线索展开；有的则着眼于数学文化与美学方面，从宏观的视角介绍数学的对象、内容、特点、思维方法、著名问题等。

本教材有以下三特色：其一，**简洁性**。从教材名称的拟定，编者就将其风格定位在清晰简洁上，不追求面面俱到。每章末附若干简洁且有意义的参考题及扩展阅读资料，使得教材更具知识性和启迪意义。其二，**唯物观**。数学的发展得益于其他学科或生产生活中提供的实际问题，从中获得动力、汲取营养，本着历史唯物主义的观点，不能孤立地看待数学的发展史，因此，教材中涉及的数学概念和思想方法多数由具体的问题来引入。其三，**低起点**。因为本教材主要面向大学本科一、二年级的学生，考虑到他们的知识储备，就必须以较低的起点展开叙述，但考虑后续学习的需要，所以还要兼顾现代数学的进展、广泛的联系、内在的统一，所以，教材尽量体现"从简单到复杂、从初等到高等、从基础到前沿"的理念。

本教材的第 1~3 章由高翔撰写，第 4~6 章由张若军撰写。本教材内容是按照一学期 32 学时，每周 2 学时安排的。同时，本教材配有相应的电子资源——基于"清华教育在线网络教学平台"建设完成的混合网络课程"数学史"。这些教学资源既适合数学专业的低年级学生了解数学史的主要内容，也可以帮助数学专业的高年级学生从整体上把握数学的理论体系。

编者十分感谢中国海洋大学教务处对教材出版提供的资助和大力支持！也感谢数学科学学院多年来对数学史教学的重视，对教师给予的关心和鼓励。还要感谢许多同事在教材编写过程中提供的帮助。编者同时也非常感谢清华大学出版社在本书编辑、出版中的大力支持。

鉴于编者的数学功底与写作水平有限，本教材难免有诸多的缺点和疏漏之处，期待广大读者的批评指正，以便日后修订改进。

编 者

2022 年 12 月 于青岛

目　录

第 1 章

从"勾股定理"谈起——分析学的起源与发展

1.1 勾股定理——度量的实质

1.1.1 勾股定理

我国古代数学名著《周髀算经》中记录有公元前 11 世纪周朝数学家商高对周公说的一段话："……故折矩,勾广三,股修四,径隅五。"其意为：当直角三角形的两条直角边分别为 3(勾)和 4(股)时,径隅(弦)则为 5。因此,后人就简单地将该事实说成"勾三、股四、弦五",并且根据该典故,也称勾股定理为"商高定理"(图 1.1)。

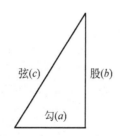

图 1.1 勾股定理(商高定理)

在西方,最早提出"直角三角形斜边平方等于两直角边平方之和"的结论,并用演绎法给出完整证明的是公元前 6 世纪古希腊的毕达哥拉斯学派,其代表人物是伟大的古希腊数学家毕达哥拉斯(Pythagoras)。值得一提的是,虽然商高早于毕达哥拉斯 500 多年就提出了勾股定理的内容,但他并没有给出详细完整的数学证明。因而,西方人都习惯地称此定理为毕达哥拉斯定理。

勾股定理约有 500 种证明方法流传于世,是证明方法最多的数学定理之一,众多证明中不乏构思精巧的数学珍品。美国第 20 任总统 J.A.加菲尔德(J. A. Garfield)证法的变式即为一种简洁明快的优美证明。如图 1.2 所示,大正方形面积等于中间正方形面积加上周围 4 个三角形面积：$(a+b)^2 = c^2 + 4 \times \dfrac{1}{2}ab$，即 $a^2+b^2+2ab=2ab+c^2$，化简即得 $a^2+b^2=c^2$。

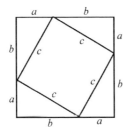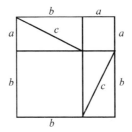

图 1.2　加菲尔德证法的变式图

1.1.2　毕达哥拉斯数组

公元前 2500 年前，古埃及人在建筑宏伟壮丽的金字塔和测量尼罗河泛滥后的土地面积时，就应用过勾股定理。而公元前 3000 多年前的古巴比伦人不但知晓和应用勾股定理，甚至还掌握了许多毕达哥拉斯数组。所谓毕达哥拉斯数组是满足 $a^2+b^2=c^2$ 的整数组 (a,b,c)，例如$(3,4,5)$、$(5,12,13)$。美国哥伦比亚大学图书馆内收藏着一块编号为"普林顿 322"的古巴比伦泥板书，上面就记载了很多毕达哥拉斯数组(图 1.3)。

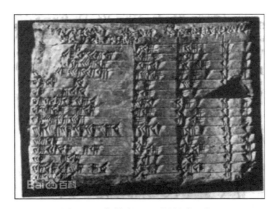

图 1.3　普林顿 322 泥板书（Ⅰ）

"普林顿 322"泥板书因曾被一位名为普林顿的人收藏而得名，"322"是普林顿的收藏编号，但泥板书的最初来源不详。"普林顿 322"泥板书上是一张如图 1.4 所示的表格，记有 4 列 15 行六十进制的数字，其中最右边一列数字是行序，每列上方的文字是栏目名称。"普林顿 322"泥板书之前一直被认为是一张商业账目表，直到 1945 年,美国数学史家 O.诺依格包尔(O.Neugebauer)首先揭示了其数论意义——与毕达哥拉斯数组密切相关:在六十进制意义下,数表的第 Ⅱ、Ⅲ 列的相应数字恰好构成了毕达哥拉斯三角形中的短直角边和斜边(其中有 4 处例外,在表中以 * 号标出)。

IV	III	II	I
[1,59],15	1,59	2,49	1
[1,56,56],58,14,50,6,15	56,7	3,12,1*	2
[1,55,7],41,15,33,45	1,16,41	1,50,49	3
[1],5[3,1]0,29,32,52,16	3,31,49	5,9,1	4
[1],48,54,1,40	1,5	1,37	[5]
[1],47,6,41,40	5,19	8,1	[6]
[1],43,11,56,28,26,40	38,11	59,1	7
[1],41,33,59,3,45	13,19	20,49	8
[1],38,33,36,36	9,1*	12,49	9
[1],35,10,2,28,27,24,26,40	1,22,41	2,16,1	10
[1],33,45	45	1,15	11
[1],29,21,54,2,15	27,59	48,49	12
[1],27,3,45	7,12,1*	4,49	13
[1],25,48,51,35,6,40	29,31	53,49	14
[1],23,13,46,4[0]	56	53*	[15]

图 1.4 普林顿 322 泥板书(Ⅱ)

数学史家从"普林顿 322"泥板书等种种迹象猜测,古巴比伦人可能已经发现了毕达哥拉斯数组的产生法则:任意一组素毕达哥拉斯数 (a,b,c)(指 a,b,c 两两互素)可以表示为

$$a = 2pq, \quad b = p^2 - q^2, \quad c = p^2 + q^2 \tag{1.1}$$

式中 p,q 互素,$p > q$ 且不同时为奇数(其详细证明见本章末的扩展阅读)。

1.1.3 勾股定理的本质——两点距离公式

1971 年,尼加拉瓜发行了一套由数学家评选出来的"改变世界面貌的十个数学公式"的邮票,勾股定理仅次于"手指计数基本法则",位居第二。一方面是因为其家喻户晓的盛名,另一方面则是源自其重要的数学本质——反映了"空间"中两点的距离。例如:平面上两点 $P_1(x_1,y_1)$,$P_2(x_2,y_2) \in \mathbb{R}^2$ 之间的距离公式

$$d(P_1,P_2) = \sqrt{(x_1 - x_2)^2 + (y_1 - y_2)^2} \tag{1.2}$$

就是勾股定理的一个简单推论(图 1.5)。而三维空间中两点 $P_1(x_1,y_1,z_1)$,$P_2(x_2,y_2,z_2) \in \mathbb{R}^3$ 之间的距离公式

$$d(P_1,P_2) = \sqrt{(x_1 - x_2)^2 + (y_1 - y_2)^2 + (z_1 - z_2)^2} \tag{1.3}$$

也可以用勾股定理来加以说明(图 1.5)。

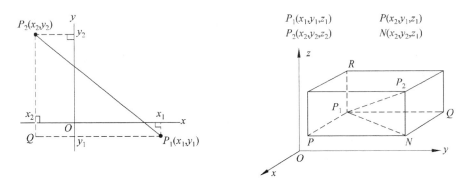

图 1.5   平面与三维空间中的两点距离

1907 年，A.爱因斯坦（A. Einstein）在瑞士苏黎世联邦工业大学时期的老师 H.闵可夫斯基（H. Minkowski）把距离这种想法加以推广，提出了被称为闵可夫斯基时空的四维时空，以时间乘以光速（ct）为其中一轴，称为时间轴，其他的 x 轴、y 轴、z 轴，称为空间轴。四维时空中的每一点，都代表一个事件 E，对应特定的惯性参考系，E 发生的时间和地点为 (ct, x, y, z)（图 1.6）。

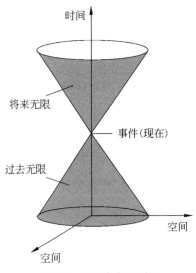

图 1.6   闵可夫斯基时空

在闵可夫斯基时空中，两个时空坐标分别为 $P_1(ct_1, x_1, y_1, z_1)$，$P_2(ct_2, x_2, y_2, z_2)$ 的事件，其时空距离定义为

$$d(P_1, P_2) = \sqrt{-c^2(t_1 - t_2)^2 + (x_1 - x_2)^2 + (y_1 - y_2)^2 + (z_1 - z_2)^2}$$

$$(1.4)$$

1.2 坐标系——解析几何的舞台

1.2.1 数形结合

早在 19 世纪,恩格斯就曾说过"数学是研究现实世界中数量关系和空间形式的一门科学",这种认识得到了普遍的认可。数与形是数学研究的基本对象,但二者在一定条件下可以互相转化。我国著名数学家华罗庚曾写过一首关于"数形结合"的诗,极具哲理性,颇耐人寻味。

数形结合谨记

数与形,本是相倚依,焉能分作两边飞。

数无形时少直觉,形少数时难入微。

数形结合百般好,隔离分家万事休。

切莫忘,几何代数统一体,永远联系,切莫分离。

由此可见,数无形,难以化抽象为直观;形少数,难以化直观为精确。数形结合,往往威力无穷! 17 世纪,由法国数学家 R.笛卡儿(R. Descartes)和 P.德·费马(P. de Fermat)建立的解析几何学,就是数形结合的典范,也成为变量数学的第一个里程碑,为微积分的创立奠定了基础(图 1.7)。

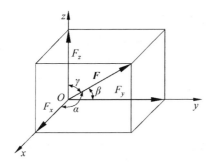

图 1.7 数形结合,双剑合璧

1.2.2 笛卡儿与解析几何

笛卡儿是 17 世纪法国著名的哲学家、数学家,对现代数学的发展做出了重要的贡献,他因将几何坐标体系公式化而被誉为"解析几何之父"。

笛卡儿建立解析几何的过程颇有一些传奇色彩。青年时期的笛卡儿酷爱钻研数学,据说在服兵役期间,他反复思考一个问题:几何图形是直观的,代数方程是抽象的,能不能把几何图形和代数方程结合起来——即用代数方程来表示几何图形,将几何问题转化为代数问题,进而运用代数工具进行求解。笛卡儿意识到,其中的关键是如何把组成几何图形的"点"和满足代数方程的"数"建立联系,但苦思无果。在塞纳河畔兵营的一夜,他突然梦见一只苍蝇飞来落在有着窗棂的窗子上。笛卡儿如醍醐灌顶,他意识到,可以把苍蝇看作一个点,而横竖的窗棂两条线,可以作为两个数轴,则平面上的任一点 P 可以在这两个数轴上找到一组有序数对 (x,y)。反之,任给一组有序数对 (x,y),都可以在平面中找到一点 P 与之相对应,这就是平面直角坐标系的雏形(图 1.8)。

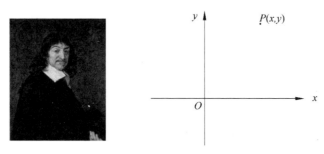

图 1.8   笛卡儿和平面直角坐标系

1637 年,笛卡儿发表了著名的哲学著作《更好地指导推理和寻求科学真理的方法论》(简称《方法论》),而阐述坐标几何思想的解析几何则包含在《方法论》的三个附录之一的《几何学》中。

在笛卡儿的另一部较早的哲学著作《指导思维的法则》中,他提出了著名的"笛卡儿纲领":任何问题→数学问题→代数问题→方程求解。虽然现在看来,这一纲领不完全正确(有些数学问题不一定能转化为代数问题),但笛卡儿创立的解析几何被认为是数学思想中一次巨大的飞跃,在数学史上具有十分重要的地位。

1.2.3   费马与解析几何

费马是 17 世纪法国律师和业余数学家,但他在数学上的成就丝毫不比职业数学家差,因为他不但是解析几何的创始人之一,还对数论和微积分的建立都有很多贡献,因此被后人称为"业余数学家之王"。

费马独立研究且早于笛卡儿发现了解析几何的基本原理。他当时工作的出发点是恢复古希腊阿波罗尼奥斯(Apollonius)的失传著作《平面轨迹》,费马用代数方法对阿波罗尼奥斯关于轨迹的一些失传证明作了补充,对古希腊几何学,尤其是阿波罗尼奥斯圆锥曲线论进行了总结和整理,对一般曲线也做了研究。

费马的坐标系有别于笛卡儿的直角坐标系,他用的是倾斜坐标系。用现代的观点来看,就是如图 1.9 所示的"仿射坐标系",比之直角坐标系,对于某些具体问题,仿射坐标系使用起来更加方便。

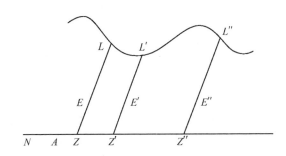

图 1.9 费马与仿射坐标系

1.3 微积分——变量数学的开端

1.3.1 古希腊的数学遗产

微积分的基本思想是"无穷小分析",这在欧几里得(Euclid)的《几何原本》中已有所体现,说明早在古希腊时代,人们对"无穷小"已经有了一定的认识。例如,在《几何原本》中有这样一个定理:圆与圆的面积之比等于其直径平方之比。

证明可以分为如下两步。第一步,利用图 1.10,证明圆的面积可以用内接正多边形面积"穷竭":正八边形面积－正四边形面积>1/2(圆面积－正四边形面积),以此类推……

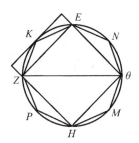

图 1.10 圆用内接正多边形穷竭

第二步,证明 $\dfrac{a}{A}>\dfrac{d^2}{D^2}$ 与 $\dfrac{a}{A}<\dfrac{d^2}{D^2}$(这里设两个圆的面积分别为 a 和 A,直径分别为 d 和 D,内接正 n 边形的面积分别为 p_n 和 P_n)不成立。事实上,假设 $\dfrac{a}{A}<\dfrac{d^2}{D^2}$ 成立,则必存在 $A'<A$,满足 $\dfrac{a}{A'}=\dfrac{d^2}{D^2}$。由穷竭法可知,存在圆的内接正 n 边形,使

得其面积 $P_n > A'$。因为对于正多边形的面积,有 $\dfrac{p_n}{P_n} = \dfrac{d^2}{D^2}$,因此 $\dfrac{p_n}{P_n} = \dfrac{d^2}{D^2} = \dfrac{a}{A'}$。由 $P_n > A'$ 得 $p_n > a$。这显然不可能。同理可得,$\dfrac{a}{A} > \dfrac{d^2}{D^2}$ 也会导出矛盾,因此必有 $\dfrac{a}{A} = \dfrac{d^2}{D^2}$。

古希腊另一位对"无穷小分析"做出重要贡献的是被誉为"数学之神"的阿基米德(Archimedes),他和牛顿、高斯并称为世界三大数学家。

阿基米德的数学思想中蕴涵着微积分的萌芽,他的《方法论》一书已经"十分接近现代微积分",不过虽然其中有对数学上"无穷"的超前研究,但因其缺乏极限的精确概念,使其思想实质一直到 17 世纪,历经 2000 多年,才借助于趋于成熟的"无穷小分析"诞生了微积分。

在对几何体的体积和表面积的研究中,阿基米德将欧几里得的"趋近观念"作了有效的运用,利用穷竭法计算出了许多几何体的体积和表面积。特别地,在人类历史上第一次计算出了球体积公式 $V = \dfrac{4}{3}\pi R^3$,其推导方法颇具"阿基米德特色"。

半径为 R 的球体其北极 N 点与原点重合,球体与外切圆柱体以及相应圆锥体的沿轴线截面图如图 1.11 所示。

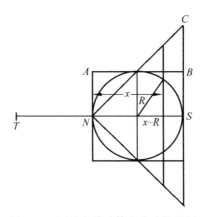

图 1.11　阿基米德球体积公式推导图

从这三个主体中割出与 N 距离为 x、厚度为 Δx 三个竖直薄片。其中球体薄片的体积为

$$\Delta V_1 = \pi r^2 \Delta x = \pi(R^2 - (x-R)^2)\Delta x = \pi(2xR - x^2)\Delta x = \pi x(2R - x)\Delta x$$

圆柱体薄片的体积 $\Delta V_2 = \pi R^2 \Delta x$,圆锥体薄片的体积 $\Delta V_3 = \pi x^2 \Delta x$,因此

$$2R(\Delta V_1 + \Delta V_3) = 2R[\pi x(2R - x)\Delta x + \pi x^2 \Delta x] = 4\pi R^2 x \Delta x = 4x\Delta V_2$$

对上式所有薄片求和,得

$$2R(V_1 + V_3) = 4\sum \Delta V_2 x = 4RV_2 \tag{1.5}$$

式(1.5)用到了力矩公式。代入圆柱与圆锥的体积公式,可得

$$2R\left(V_1 + \frac{8\pi R^3}{3}\right) = 8\pi R^4$$

从而得到球体积 $V_1 = \dfrac{4\pi R^3}{3}$。

　　古希腊的学者们还对无限性和连续性等概念做过深入的研究,其代表人物是芝诺(Zeno),他提出的最著名的悖论当属"阿基里斯追龟悖论"。

　　阿基里斯是古希腊神话中善跑的英雄,在他和乌龟的赛跑比赛中,假设其速度为乌龟的 10 倍,乌龟领先 1000m 出发,他在后面追,芝诺说阿基里斯不可能追上乌龟。因为当阿基里斯追到乌龟的出发点 1000m 时,乌龟已经又向前爬了 100m,于是一个新的出发点产生了;当阿基里斯追到乌龟爬的这 100m 时,乌龟已经又向前爬了 10m。就这样,乌龟会制造出无穷个出发点,并总能在出发点与自己之间制造出一个距离,只要乌龟不停地奋力向前爬,阿基里斯就永远也追不上乌龟(图 1.12)!

图 1.12　阿基里斯追龟悖论

　　与佯谬(初看起来是错的,实际上是对的)相反,悖论是初看起来是对的,实际上是错的。历史上对"阿基里斯追龟悖论"的解释与反驳有很多,一个比较简单的方法是计算阿基里斯追龟所花费的总时间,只要总时间有限,即使有无穷多段时间间隔,阿基里斯也可以在有限时间内追上乌龟。

　　如果设阿基里斯的速度为 v,则乌龟的速度为 $\dfrac{v}{10}$,阿基里斯追到乌龟的出发点

时,他用时 $T=\dfrac{1000}{v}$,而在这段时间内乌龟向前爬了 $\dfrac{vT}{10}$,则阿基里斯追到乌龟新的

出发点用时 $\dfrac{T}{10}$,以此类推……阿基里斯追龟所用的总时间为

$$T+\frac{T}{10}+\frac{T}{10^2}+\cdots=T\sum_{n=0}^{\infty}\frac{1}{10^n}=\frac{10}{9}T \tag{1.6}$$

结果为一有限值。因此,在这种假设情形下,阿基里斯可以在有限时间内追上乌龟。

1.3.2 站在巨人的肩膀上——牛顿

波兰天文学家 N.哥白尼(N. Kopernik)1543 年发表了著作《天体运行论》,其中提出的"日心说"有力地打破了长期以来居于宗教统治地位的"地心说",实现了天文学的根本变革。日心说认为:太阳是不动的,在宇宙中心,地球以及其他行星都一起围绕太阳作圆周运动。

几十年之后,作为有着"星王"之称的丹麦天文学家 B.第谷(B.Tycho)的接班人,德国天文学家、数学家 J.开普勒(J. Kepler)(图 1.13)通过对第谷多年行星观测积累的大量数据的仔细分析,总结出开普勒行星运动三大定律,彻底改变了整个天文学,摧毁了长久以来建立在"地心说"基础上繁杂的 C.托勒密(C.Ptolemy)宇宙体系,完善并简化了哥白尼的"日心说"。

图 1.13 "星王"第谷(左)与"天空立法者"开普勒(右)

(1) **开普勒第一定律(椭圆律)**:行星都沿各自的椭圆轨道环绕太阳运动,而太阳则处在椭圆的一个焦点。

(2) **开普勒第二定律(面积律)**:在相等时间内,太阳和运动中行星的连线(向量半径)扫过的面积都相等。

(3) **开普勒第三定律(周期律)**:绕以太阳为焦点的椭圆轨道运行的所有行星,其椭圆轨道半长轴的立方与周期的平方之比是一个常量。

17 世纪以来,原有的几何和代数已难以解决当时生产实践和自然科学所提出

的许多新问题,例如,求运动物体的瞬时速度与瞬时加速度,求曲线的切线及曲线长度,某些变量的极大值、极小值等。基于此,伟大的英国物理学家、数学家 I.牛顿(I. Newton)将古希腊以来求解无穷小问题的各种特殊方法统一为两类算法:正流数术(微分)和反流数术(积分)。其中提出的所谓"流量"就是随时间而变化的变量,"流数"就是流量的改变速度,即变化率。

　　在 1679 年,牛顿将"流数术"运用于研究引力对行星轨道的作用以及开普勒行星运动三大定律中,推导出了著名的牛顿的万有引力定律: $F = G\dfrac{m_1 m_2}{r^2}$。这些结果发表于牛顿 1687 年出版的科学巨著《自然哲学之数学原理》一书中(图 1.14)。

图 1.14　牛顿与《自然哲学之数学原理》

　　1676 年,牛顿首次公布了他发明的二项式展开定理,利用这个定理,他发现了其他无穷级数,并应用这些级数计算面积、积分、解方程等。在微积分学基本公式还没有被发现之前,下面这个例子可以说明牛顿利用级数计算积分的思想。

　　例　计算积分 $\displaystyle\int_0^1 x^p \, \mathrm{d}x$,其中 p 是正整数。

　　将区间 $[0,1]$ 划分为 $0 = x_0 < x_1 < \cdots < x_n = 1$,其中 $x_k = \dfrac{k}{n}, 0 \leqslant k \leqslant n$ 因此 $\Delta x_k = x_{k+1} - x_k = \dfrac{1}{n}$。根据定积分的定义

$$\int_0^1 x^p \mathrm{d}x = \lim_{\max_k |\Delta x_k| \to 0} \sum_{k=0}^{n} \left(\frac{k}{n}\right)^p \frac{1}{n} = \lim_{n \to \infty} \sum_{k=0}^{n} \left(\frac{k}{n}\right)^p \frac{1}{n} \tag{1.7}$$

利用级数和公式: $\displaystyle\sum_{k=1}^{n} k^p = \dfrac{1}{p+1} n^{p+1} + a_1 n^p + \cdots + a_p n$ (其详细推导见本章末扩展阅读),得

$$\int_0^1 x^p \mathrm{d}x = \lim_{n \to \infty} \sum_{k=0}^{n} \left(\frac{k}{n}\right)^p \frac{1}{n} = \lim_{n \to \infty} \frac{1}{n^{p+1}} \sum_{k=0}^{n} k^p$$

$$= \lim_{n \to \infty} \frac{1}{n^{p+1}} \left(\frac{1}{p+1} n^{p+1} + a_1 n^p + \cdots + a_p n \right) = \frac{1}{p+1}$$

1.3.3 莱布尼茨与微积分

G.W.莱布尼茨(G. W. Leibniz)是德国的哲学家、数学家,历史上少见的通才,被后人誉为"17世纪的亚里士多德",在数学史和哲学史上都占有重要地位。牛顿和莱布尼茨先后独立发明了微积分,而且莱布尼茨创设的微积分的数学符号被广泛使用,流传至今。

与牛顿从物理学出发,运用几何方法研究微积分不同,莱布尼茨则是从几何问题出发(图1.15),运用分析学方法引进微积分的基本概念与运算法则,因此,使得微积分具有更高的数学严密性与系统性。

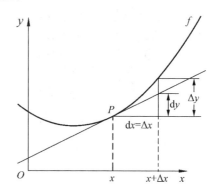

图1.15　莱布尼茨与几何观点下的微积分

牛顿和莱布尼茨之间后来陷入了旷日持久的微积分发明优先权之争,现在公认的说法是,牛顿和莱布尼茨各自独立地发明了微积分。因此,微积分中最重要的定理——微积分基本定理的积分形式,即牛顿-莱布尼茨公式

$$\int_a^b f(x)\mathrm{d}x = F(b) - F(a) \tag{1.8}$$

是用牛顿和莱布尼茨的名字共同命名的。如果没有牛顿-莱布尼茨公式,微分学与积分学是两门独立的学科,正是这一公式极大地简化了定积分的计算,成为沟通微分学与积分学的桥梁,二者紧密结合,才有了今日的微积分。

1.4   两次数学危机——分析的严密化

1.4.1 第一次数学危机

公元前500年前,毕达哥拉斯学派将"数"从数学领域扩大到哲学领域,意图用数的观点去解释世界,进而提出了"万物皆数"的观点——数的元素就是万物的元素,世界是由数组成的。毕达哥拉斯学派所说的数指的是可以写成整数之比的有理数。但不久,毕达哥拉斯的弟子希帕索斯(Hippasus)发现:正方形的对角线与其边的长度之比不是有理数,与万物皆为有理数的哲学大相径庭。这导致了数学史上著名的"第一次数学危机"。后人将这种不能写作两整数之比的数命名为无理数。$\sqrt{2}$ 是无理数可以简单说明如下。

采用反证法,若 $\sqrt{2}=\dfrac{a}{b}$,$(a,b)=1$,则 $a^2=2b^2$,因此 a 为偶数,可设 $a=2c$,代入 $a^2=2b^2$ 可得 $4c^2=2b^2$,故 $2\mid b$,因此 $2\mid(a,b)$,这与 $(a,b)=1$ 矛盾$\Big($这里 a,b 为整数,$\dfrac{a}{b}$ 为既约分数,$\mid$ 表示整除,(a,b) 表示 a,b 的最大公约数$\Big)$。

希帕索斯的发现,第一次向人们揭示了有理数系的缺陷,说明有理数并不能布满整个数轴,在数轴上存在着不能用有理数表示的"孔隙"。事实上,这种"孔隙"就是无理数,并且无理数简直多得数不胜数。常见的如 e 和 π 都是无理数,其中 e 是无理数可以简单说明如下。

采用反证法,若 $\mathrm{e}=1+\dfrac{1}{1!}+\dfrac{1}{2!}+\cdots+\dfrac{1}{n!}+\cdots=\dfrac{a}{b}$,$(a,b)=1$(这里 a,b 为整数),因为 e 不是整数,因此 $b\neq 1$,即 $b\geqslant 2$。两边乘以 $b!$ 得

$$b!+\frac{b!}{1!}+\cdots+\frac{b!}{(b-1)!}+1+\frac{1}{b+1}+\frac{1}{(b+1)(b+2)}+\cdots=a(b-1)!$$

因为

$$0<\frac{1}{b+1}+\frac{1}{(b+1)(b+2)}+\cdots$$

$$=a(b-1)!-\left[b!+\frac{b!}{1!}+\cdots+\frac{b!}{(b-1)!}+1\right]$$

所以 $\dfrac{1}{b+1}+\dfrac{1}{(b+1)(b+2)}+\cdots$ 为正整数。但另一方面,有

$$0<\frac{1}{b+1}+\frac{1}{(b+1)(b+2)}+\cdots$$

$$\leqslant\frac{1}{b+1}+\frac{1}{(b+1)(b+2)}+\frac{1}{(b+2)(b+3)}+\cdots$$

$$=\frac{2}{b+1}\leqslant\frac{2}{3}$$

这导致矛盾。

1.4.2　第二次数学危机

微积分诞生之初,虽然在许多学科中得到了广泛应用,然而当时微积分的理论

基础并不牢靠,而是建立在有逻辑矛盾的无穷小的概念之上。这从牛顿的"流数术"中可以窥见一斑。

例如,设自由落体在时间 t 下落的距离为 $s(t)$,有公式 $s(t)=\dfrac{1}{2}gt^2$,其中 g 是重力加速度。现在要求物体在 t_0 时刻的瞬时速度,先求平均速度 $\dfrac{\Delta s}{\Delta t}$,因为

$$\Delta s = s(t) - s(t_0) = \frac{1}{2}gt^2 - \frac{1}{2}gt_0^2 = \frac{1}{2}g\left[(t_0+\Delta t)^2 - t_0^2\right]$$
$$= \frac{1}{2}g\left[2t_0\Delta t + (\Delta t)^2\right]$$

所以

$$\frac{\Delta s}{\Delta t} = gt_0 + \frac{1}{2}g\Delta t \tag{1.9}$$

当 Δt 很小时,右端的 $\dfrac{1}{2}g\Delta t$ 也很小,因而式(1.9)右端就可以认为是 gt_0,这就是物体在 t_0 时刻的瞬时速度。牛顿说不清楚最终比中涉及的极限概念,莱布尼茨对极限也没有明确的表述。

1734 年,著名的唯心主义哲学家,英国的 G.贝克莱(G.Berkeley)大主教猛烈攻击牛顿的理论,指出牛顿在应用"流数术"计算导数时,使用无穷小"o"违背了逻辑学中的排中律。贝克莱质问:"无穷小"作为一个量,究竟是不是 0?贝克莱还讽刺挖苦说:无穷小作为一个量,既不是 0,又不是非 0,那它一定是"量的鬼魂"了。这就是著名的"贝克莱悖论",由此引发了数学史上"第二次数学危机"。

探寻微积分基础的努力经历了将近 200 年之久。在严密的极限理论建立方面,做出决定性工作的是法国数学家 A.柯西(A.Cauchy)和德国数学家 K.魏尔斯特拉斯(K.Weierstrass)。但后来的一些发现,使人们认识到,极限理论的进一步严密化,需要实数理论的严密化。19 世纪下半叶,实数理论建立以后,"第二次数学危机"才被彻底解决。

1.4.3 戴德金分割

由无理数引发的"第一次数学危机"一直延续了 2000 多年,直到实数理论建立以后,才得以与"第二次数学危机"一起真正被解决。1872 年,德国数学家 R.戴德金(R.Dedekind)(图 1.16 左)从连续性出发,用有理数的"分割"来定义无理数,从而把实数理论建立在严密的科学基础上。戴德金分割的基本思想如下。

设给定某种方法,把所有的有理数分为两个集合:A 和 B,使得 A 中的每个元素都小于 B 中的每一个元素,称满足上述条件的划分为有理数的一个戴德金分割。对于任一戴德金分割,以下 3 种可能有且只有 1 种成立(设 $\mathbb{Q}$ 是有理数集,

$\mathbb{Q}^{+}$、$\mathbb{Q}^{-}$ 分别是正有理数集和负有理数集）：

（1）A 有一个最大元素 a，B 没有最小元素，例如 $A=\{r\in\mathbb{Q}\mid r\leqslant 1\}$，$B=\{r\in\mathbb{Q}\mid r>1\}$。

（2）A 没有最大元素，B 有一个最小元素 b，例如 $A=\{r\in\mathbb{Q}\mid r<1\}$，$B=\{r\in\mathbb{Q}\mid r\geqslant 1\}$。

（3）A 没有最大元素，B 也没有最小元素，例如

$$A=\mathbb{Q}^{-}\cup\{0\}\cup\{r\in\mathbb{Q}^{+}\mid r^{2}<2\},\quad B=\{r\in\mathbb{Q}^{+}\mid r^{2}>2\}\quad(1.10)$$

式中，A 有最大元素 a，且 B 有最小元素 b 是不可能的，因为这样就存在有理数 r：$a<r<b$ 不在 A 和 B 两个集合中，所以矛盾。

对于情况（1）和情况（2），戴德金称这个分割定义了一个有理数；而对于情况（3），戴德金称这个分割定义了一个无理数。所有可能的分割构成了数轴上的每一个点，既有有理数，又有无理数，统称实数。

图 1.16　戴德金（左）和康托尔（右）

1.4.4　康托尔与集合论

在分析的严密化过程中，许多基本概念的阐述与研究都涉及由无穷多个元素组成的集合，为此，德国数学家 G.康托尔（G. Cantor）（图 1.16 右）系统发展了一般的点集理论，使整个数学体系建立在了集合论的基础之上。

集合论首先要将有限集合的元素个数的概念推广到无穷集合，建立两个无穷集合"元素个数相等"的概念。康托尔通过分析两个元素个数相等的有限集合之间的对应关系，以存在一一对应为原则，提出了集合等价（两个集合"元素个数相等"）的概念——两个集合只有它们的元素之间可以建立一一对应才称为是等价的。

在此基础上，康托尔建立了可数的概念，即能和正整数集合构成一一对应的集合称为可数集合，特别的，有理数的全体是可数的，这可以通过给每一个正有理数编上号实现（图 1.17），即有理数可以与整数构成一一对应。

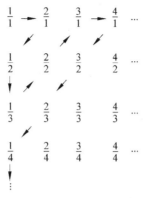

图 1.17　有理数的可数性

康托尔还证明,无理数的全体是不可数的,可以用如下的反证法加以证明。

事实上,我们只需证明(0,1]中的无理数全体是不可数的即可。采用反证法,若(0,1]是可数集,则必然存在(0,1]中所有实数的一个序列 $a_1,a_2,\cdots,a_n,\cdots$,现将每个这样的实数写成十进制小数的形式,于是有如下对应

$$1 \leftrightarrow a_1 = 0.p_{11}p_{12}p_{13}\cdots$$
$$2 \leftrightarrow a_2 = 0.p_{21}p_{22}p_{23}\cdots$$
$$\vdots$$
$$k \leftrightarrow a_k = 0.p_{k1}p_{k2}p_{k3}\cdots$$
$$\vdots$$

(1.11)

构造 $b=0.b_1 b_2 \cdots b_k \cdots$,其中,$b_1=p_{11}+1$;$b_2=p_{22}+1$;$\cdots$;$b_k=p_{kk}+1$;$\cdots$(对某个 b_i,若 p_{ii} 加 1 后和为 10,则取 b_i 为 0),因 b 是(0,1]中的一个实数,所以必在式(1.11)中,但由 b 的构造可知它不同于上面序列中的任何一个数,所以矛盾。

集合论的基本概念现在已渗透到数学的所有领域之中。康托尔的创新性工作被认为是"数学天才最优秀的作品"和"人类纯粹智力活动的最高成就之一"。

1.5　度量的叛离——拓扑学

1.5.1　拓扑学的开端——哥尼斯堡七桥问题

18 世纪的东普鲁士,在哥尼斯堡,有七座各具特色的桥将普雷格尔河中两个岛及岛与河岸连接起来。有人提出了这样一个问题:一个步行者怎样才能无重复、不遗漏地一次走完七座桥,最后回到出发点?问题提出后,很多人对此非常感兴趣,并纷纷进行试验,但在相当长的时间里,始终未能解决。这是因为这七座桥每座桥均走一次一共有5000多种走法,试验量太过庞大。

　　于是,有人写信给当时瑞士的天才数学家 L.欧拉(L. Euler)求助,欧拉经过认真的研究,于 1736 年向圣彼得堡科学院提交了《哥尼斯堡七桥》的论文。在论文中,欧拉把每一块陆地表示成一个点,即分别用 A、B、C、D 4 个点表示哥尼斯堡的 4 个陆地区域,而连接两块陆地的桥则以线来表示,由此得到了一个几何图形(图 1.18),将"七桥问题"转化为是否能一笔不重复地画出过此七条线的网络图问题了,欧拉研究发现,这个网络图不能一笔画出来,从而"七桥问题"无解。

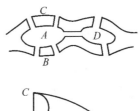
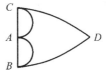

图 1.18　欧拉与哥尼斯堡七桥问题

　　事实上,若可以一笔画出七桥的网络图,则图形中必有相同的起点和终点。若假设以 A 为起点和终点,则必有一离开线和对应的进入线,若定义进入 A 的线的条数为入度,离开 A 的线的条数为出度,则 A 的入度和出度是相等的,即 A 的度(入度和出度之和)为偶数。由此可知,要使得从 A 出发"七桥问题"有解,则 A 的度应为偶数,而实际上 A 的度是 5,5 为奇数,于是从 A 出发是无解的。同理,由于 B、C、D 的度都是 3,3 为奇数,因此,以 B、C、D 为起点也是无解的。综上所述,"七桥问题"是无解的。

　　欧拉对于"七桥问题"的巧妙求解,不但圆满解决了这一问题,同时也开创了两个新的数学分支——图论与拓扑学。其中拓扑学是研究各种"空间"在连续变化下保持不变的性质的数学分支,也被称为"橡皮膜上的几何学"。因为拓扑学只考虑物体间的位置关系而不考虑它们的形状和大小,因此可以看作是对"度量的叛离"。

1.5.2　欧拉定理与四色定理

　　拓扑学中有许多有趣的图形,比如著名的默比乌斯带和克莱因瓶。默比乌斯带是通过把一张纸条扭转 $180°$ 后,两头粘接起来做成的纸带圈,它只有一个面,一只小虫可以爬遍整个曲面而不必跨过它的边缘。克莱因瓶是一个底部有一个洞的瓶子,延长瓶子的颈部,并且扭曲地进入瓶子内部,然后和底部的洞相连接,它没有内外之分,一只小虫可以不经过克莱因瓶的边缘从瓶子的外部爬到瓶子的内部(图 1.19)。

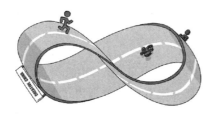 

图 1.19   默比乌斯带与克莱因瓶

在拓扑学发展史中,还有一个著名的关于凸多面体的定理也和欧拉有关,这就是欧拉定理:$V-E+F=\chi(P)$,其中 V 是多面体顶点的个数,E 是棱的条数,F 是面数,而 $\chi(P)$ 是多面体的欧拉示性数。利用欧拉定理,可以证明只存在 5 种正多面休:正四面体、正六面体、正八面体、正十二面体、正二十面体(见 3.1 节)。

近代与拓扑学发展有关的一个著名难题是"四色问题",也称"四色猜想",其内容是:任何一张地图,只用 4 种颜色,就能使具有共同边界的国家着上不同的颜色(图 1.20)。

图 1.20   四色猜想与四色世界地图

1872 年,英国著名数学家 A.凯莱(A. Cayley)正式向伦敦数学学会提出这个问题,使得四色猜想成为世界数学界关注的问题。直到 1976 年,美国数学家 K.阿佩尔(K. Appel)与 W.哈肯(W. Haken)在美国伊利诺斯大学的两台不同的电子计算机上,用了 1200h,做了 100 亿种判断,终于完成了四色猜想的证明。

1.5.3   20 世纪的拓扑学

20 世纪,拓扑学已经发展成为现代数学中一个非常重要的研究领域,有如下主要分支。

(1) 一般拓扑学:也称点集拓扑学,建立拓扑的基础,并研究拓扑空间的性质,以及与拓扑空间相关的概念。

(2) 代数拓扑学:运用同调群与同伦群等代数结构研究拓扑空间的拓扑结构。

(3) 微分拓扑学:研究微分流形上的可微函数与几何结构,与微分几何密切相关。

(4) 几何拓扑学：研究流形对其他流形的嵌入，包括低维拓扑学(研究四维以下的流形)、纽结理论(研究数学上的纽结)等。

参考题

1. 毕达哥拉斯数组 (a,b,c) 的形式：$a=2pq$，$b=p^2-q^2$，$c=p^2+q^2$，是如何得到的？(参看"扩展阅读——有趣的分析学")

2. 你能给出勾股定理的几种证法？详细写出来。

3. 阐述解析几何的思想，从中可以得到怎样的启迪。

4. 数学上如何精确地定义无理数？

5. 你还能举出哪些有趣的拓扑空间的例子？

6. 阐述分析学从古希腊时代发展到 20 世纪的数学历程。

扩展阅读——有趣的分析学

1. 证明任意一组素毕达哥拉斯数组 (a,b,c) (即 a,b,c 互素)可以表示为如下形式：

$$a=2pq，\quad b=p^2-q^2，\quad c=p^2+q^2$$

其中 p,q 互素，$p>q$ 且不同时为奇数。

证明：设 (a,b,c) 为任意一组素毕达哥拉斯数组。

若 a,b 均为奇数，即 $a=2m+1,b=2n+1$，则

$$a^2+b^2=(2m+1)^2+(2n+1)^2=4(m^2+n^2+m+n)+2$$

即 $c^2=a^2+b^2=4k+2$，则 c^2 是偶数，于是 c 为偶数，即 $c=2s(s\in\mathbb{Z})$。所以有 $c^2=4s$ 与前面 $c^2=4k+2$ 矛盾。故 a,b 中必有一个为偶数，不妨设 a 为偶数，因此

$$\left(\frac{a}{2}\right)^2=\frac{c^2-b^2}{4}=\frac{c+b}{2}\cdot\frac{c-b}{2} \tag{1}$$

设 $d=\left(\dfrac{c+b}{2},\dfrac{c-b}{2}\right)$，得 $d\,|\,b,d\,|\,c$。

又 $(a,b,c)=1$，则 $d=1$。

由式(1)，可设 $\dfrac{c+b}{2}=p^2,\dfrac{c-b}{2}=q^2$，则 $\left(\dfrac{a}{2}\right)^2=p^2q^2,p^2>q^2$。故

$$a=2pq，\quad b=p^2-q^2，\quad c=p^2+q^2，\quad p>q。$$

由 $(p^2,q^2)=1$ 可得 $(p,q)=1$。

又由 $(a,b,c)=1$ 知，b,c 必同为奇数，故 p,q 不能同为奇数。

2. n 维空间 $\mathbb{R}^n$ 与 $\mathbb{C}^n$：

n 维实空间 $\mathbb{R}^n=\{(x_1,x_2,\cdots,x_n)\mid x_i\in\mathbb{R}\}$ 中的两点 $P_1(x_1,x_2,\cdots,x_n)$，$P_2(y_1,y_2,\cdots,y_n)\in\mathbb{R}^n$ 的距离为

$$d(P_1,P_2)=\sqrt{(x_1-y_1)^2+(x_2-y_2)^2+\cdots+(x_n-y_n)^2}$$

n 维复空间 $\mathbb{C}^n=\{(z_1,z_2,\cdots,z_n)\mid z_i\in\mathbb{C}\}$ 中的两点 $P_1(z_1,z_2,\cdots,z_n)$，$P_2(w_1,w_2,\cdots,w_n)\in\mathbb{C}^n$ 的距离为

$$d(P_1,P_2)=\sqrt{\mid z_1-w_1\mid^2+\mid z_2-w_2\mid^2+\cdots+\mid z_n-w_n\mid^2}$$

3. 笛卡儿纲领与数学建模

笛卡儿纲领中的"任何问题→数学问题"现在被称为数学建模，从现代观点来看是建立"现实世界"与"数学世界"之间的联系，图 1.21 表述了数学建模的全过程。

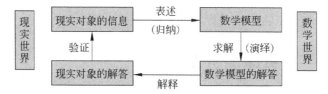

图 1.21　数学建模的全过程

4. 希尔伯特旅馆(图 1.22)

假设有一个拥有可数无限多个房间的旅馆，且所有的房间均已客满。有人认为此时旅馆将无法再接纳新的客人(如同有限个房间的情况一样)，但事实确实如此吗？

图 1.22　希尔伯特旅馆

德国著名数学家 D.希尔伯特(D. Hilbert)给出的解答是这样的：因为旅馆有无限多个房间，即使所有的房间都住满了，也可以将一位新客人安排入住。只要将 1 号房间的客人移到 2 号房间，2 号房间的客人移到 3 号房间……这样继续移下去，1 号房间就被腾空了，可以安排新客人入住。

不但如此，还是这个有无限多个房间的旅馆，各个房间也都住满了客人。若这时又来了无穷多位要求订房间的客人，仍然可以安排入住。只要将 1 号房间的客人移到 2 号房间，2 号房间的客人移到 4 号房间，3 号房间的客人移到 6 号房间……这样继续移下去，所有单号房间都被腾空了，就可以安排新来的无穷多位客人入住。

这就是希尔伯特提出的希尔伯特旅馆悖论，用以说明无限集合与有限集合的巨大差异。

5. 成立级数和公式：$\displaystyle\sum_{k=1}^{n} k^p = \frac{1}{p+1} n^{p+1} + a_1 n^p + \cdots + a_p n$。

证明：由 $(k+1)^{p+1} - k^{p+1} = \displaystyle\sum_{i=0}^{p+1} C_{p+1}^i k^{p+1-i} - k^{p+1} = (p+1)k^p + \sum_{i=2}^{p+1} C_{p+1}^i k^{p+1-i}$

求和可得

$$\sum_{k=1}^{n} \left((k+1)^{p+1} - k^{p+1} \right) = \sum_{k=1}^{n} \left((p+1)k^p + \sum_{i=2}^{p+1} C_{p+1}^i k^{p+1-i} \right)$$

即 $(n+1)^{p+1} - 1 = (p+1) \displaystyle\sum_{k=1}^{n} k^p + \sum_{k=1}^{n} \sum_{i=2}^{p+1} C_{p+1}^i k^{p+1-i}$，因此

$$\sum_{k=0}^{n} k^p = \frac{1}{p+1} \left((n+1)^{p+1} - 1 - \sum_{k=1}^{n} \sum_{i=2}^{p+1} C_{p+1}^i k^{p+1-i} \right)$$

$$= \frac{1}{p+1} n^{p+1} + a_1 n^p + \cdots + a_p n + a_{p+1}$$

取 $n=0$，得 $a_{p+1}=0$，即 $\displaystyle\sum_{k=1}^{n} k^p = \frac{1}{p+1} n^{p+1} + a_1 n^p + \cdots + a_p n$，其中 $a_i, i=1, 2, \cdots, p$ 由前面的展开式确定。

6. 最速降线问题与变分法

伽利略在 1630 年提出一个分析学的基本问题——一个质点在重力作用下从一个给定点到不在它垂直下方的另一点，如果不计摩擦力，沿什么曲线滑下所需时间最短？伽利略错误地认为这条曲线是个圆。瑞士数学家 J.伯努利(J. Bernoulli)在 1696 年再次提出这个最速降线问题。次年已有多位数学家得到正确答案，其中包括牛顿、莱布尼茨、洛必达(L'Hôpital)和伯努利家族的成员。最速降线问题的正确答案是连接两点上凹的唯一一段旋轮线(即倒置的摆线，见图 1.23)。

最速降线问题是分析学中变分法的发端。变分与积分方程和理论物理一起，在 20 世纪 30 年代孕育出了一门崭新的数学分支——泛函分析，综合运用函数论、

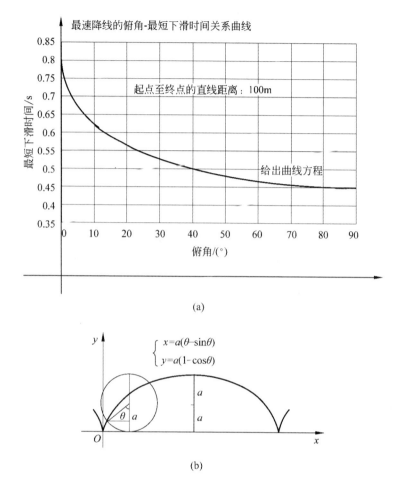

图 1.23   最速降线问题(a)与摆线(b)

几何学等现代数学观点研究无限维向量空间上的泛函、算子和极限理论,是无限维向量空间的解析几何与数学分析。

第 **2** 章

从"万物皆有理"谈起
——优雅的数论与抽象的代数学

2.1 再谈勾股定理——以子之矛攻子之盾

2.1.1 毕达哥拉斯学派与万物皆数

毕达哥拉斯学派认为数是万物的本原,事物的性质是由某种数量关系决定的,万物按照一定的数量比例而构成和谐的秩序,体现了"美是和谐"。由此他们把数看作是真实物质对象的终极组成部分,认为数不能离开感觉到的对象而独立存在,是宇宙的要素。

毕达哥拉斯学派非常注意研究数以及数的理论,同时也注重实际的计算。他们依据几何和哲学的神秘性来对"数"进行分类,例如按照几何图形,数可分成"三角形数""正方形数""五边形数""六边形数"等所谓的"形数"(图 2.1),是一种数形结合产生的概念。其中,"三角形数"是一定数目的点数,这些点在等距离的排列下可以形成一个等边三角形,其余的"形数"概念类似。

图 2.1 毕达哥拉斯的"形数"

(1) 三角形数:$N = 1 + 2 + 3 + \cdots + n = \dfrac{n(n+1)}{2}$;

(2) 正方形数:$N = 1 + 3 + 5 + \cdots + (2n-1) = n^2$;

(3) 五边形数:$N = 1 + 4 + 7 + \cdots + (3n-2) = \dfrac{n(3n-1)}{2}$;

(4) 六边形数：$N = 1 + 5 + 9 + \cdots + (4n - 3) = 2n^2 - n$。

2.1.2   以子之矛攻子之盾——无理数的诞生

事实上，毕达哥拉斯学派眼中能解释万物的"数"，现在知道是范围很窄的数——有理数，一种能表示成两整数之比的数。从而，我们可以把毕达哥拉斯的信条解释成"万物皆有理"，第一层意思为万事万物皆有道理可循，第二层意思为万物皆数，而这种数都为有理数。那么，所有的数真的都为有理数吗？历史给毕达哥拉斯开了个天大的玩笑，因为"万物皆有理"的坚实堡垒是从毕达哥拉斯学派内部攻破的，而攻破堡垒的秘密武器正是毕达哥拉斯赖以成名的毕达哥拉斯定理。如第1章所述，毕达哥拉斯的弟子希帕索斯发现：正方形的对角线与其一边的长度之比不是有理数，即 $\sqrt{2}$ 不是有理数。

事实上，$\sqrt[m]{N}$（其中 N，m 都是正整数，N 不是 m 次方数）都是无理数，这个一般性的结论可以证明如下。

证明：若 $\sqrt[m]{N} = \dfrac{a}{b}$，$(a, b) = 1$，则 $a^m = b^m N = b^m p_1^{s_1} \cdots p_n^{s_n}$（其中利用了算术基本定理），因此 $p_i | a$（$\forall 1 \leqslant i \leqslant n$），即 $a = p_1^{t_1} \cdots p_n^{t_n} c$，$(p_i, c) = 1$（$\forall 1 \leqslant i \leqslant n$），代入可得 $p_1^{mt_1} \cdots p_n^{mt_n} c^m = b^m p_1^{s_1} \cdots p_n^{s_n}$。若 $mt_i \leqslant s_i$（$\forall 1 \leqslant i \leqslant n$），则 $c^m = b^m p_1^{s_1 - mt_1} \cdots p_n^{s_n - mt_n}$，即 c 有因子 p，且 $p | b$，从而 $p | (a, b)$。此为矛盾。因此，可以设 $mt_{i_0} > s_{i_0}$（$\exists 1 \leqslant i_0 \leqslant n$）。

$$p_1^{mt_1} \cdots p_{i_0}^{mt_{i_0} - s_0} \cdots p_n^{mt_n} c^m = b^m p_1^{s_1} \cdots p_{i_0 - 1}^{s_{i_0} - 1} p_{i_0 + 1}^{s_{i_0} + 1} \cdots p_n^{s_n}$$

得 $p_{i_0} | b$，从而 $p_{i_0} | (a, b)$。所以矛盾。

综上，$\sqrt[m]{N}$ 都是无理数。（注：这里出现的数均为正整数）

2.2   代数方程——代数学发展的不竭动力

2.2.1   丢番图的墓志铭

丢番图（Diophantus）是公元 3 世纪左右古希腊著名的数学家，对算术理论有深入研究，因完全脱离了几何形式，他被誉为代数学的创始人之一。在丢番图的名著《算术》中，讨论了一次、二次以及个别的三次方程，还有大量的不定方程，因此，对于具有整系数的不定方程整数解的研究，现在被称为丢番图方程问题。

古希腊数学自毕达哥拉斯学派后，兴趣集中在几何，认为只有经过几何论证的命题才是可靠的。因此为了逻辑的严密性，代数也披上了几何的外衣：一切代数问题都被纳入了几何的模式之中。丢番图认为代数方法比几何演绎更适于解决问题，从而把代数解放出来，摆脱了几何的羁绊，因此被后人称为"代数学之父"（也有人将 F.韦达(F. Vieta)称为"代数学之父")。

丢番图的出生日期不详,但一本希腊诗文选中记录了丢番图奇特的墓志铭,是刻在墓碑上的一道典型的代数学问题:

坟中安葬着丢番图,多么令人惊讶,它忠实地记录了所经历的道路。

上帝给予的童年占六分之一;

又过了十二分之一,两颊长胡须;

再过七分之一,点燃起结婚的蜡烛。

五年之后天赐贵子;

可怜迟来的宁馨儿,享年仅及其父之半,便进入冰冷的坟墓。

悲伤只有用数论的研究去弥补,又过了四年,他也走完了人生的旅途。

请问他活了多少年才与死神见面?

这可以归结为一个一元一次方程问题,求解如下:设丢番图活了 x 岁,列方程

$$x - \frac{1}{6}x - \frac{1}{12}x - \frac{1}{7}x - 5 - \frac{1}{2}x - 4 = 0 \tag{2.1}$$

解得 $x = 84$。

2.2.2 《九章算术》中的盈不足问题

《九章算术》(图 2.2)是中国古代第一部数学专著,成书于公元 1 世纪左右,被后世认为是经由历代增补修订,因此作者不可考证。该书内容十分丰富,系统总结了战国、秦、汉时期的数学成就。全书采用问题集的形式,收集了 246 个与生产、生活实践有联系的应用问题,每道题有问(题目)、答(答案)、术(解题的步骤,但没有证明)。

在《九章算术》的第七章《盈不足》中,提出了以盈亏类问题为原型,通过两次假设来求繁琐、困难的算术问题的方法。例如,今有人共买物,人出八,盈三,人出七,不足四,问人数、物价各几何?

一般地,设人数为 x,物价为 y,每人出钱 a_1 盈 b_1,每人出钱 a_2 不足 b_2,则"盈不足术"相当于给出如下解法:

$$x = \frac{b_1 + b_2}{a_1 - a_2}, \quad y = \frac{a_1 b_2 + a_2 b_1}{a_1 - a_2}, \quad \frac{y}{x} = \frac{a_1 b_2 + a_2 b_1}{b_1 + b_2} \tag{2.2}$$

2.2.3 孙子算经与中国剩余定理

中国古代另一部重要的数学著作《孙子算经》(图 2.2)成书在四、五世纪,作者不详。该书中记载了一个非常有趣的"物不知数"问题:今有物不知其数,三三数之剩二,五五数之剩三,七七数之剩二,问物几何?

"物不知数"问题从现代的观点来看,就是如下的一次同余方程问题(本节所用

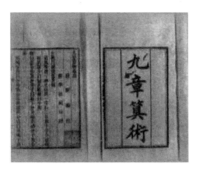

图 2.2 《九章算术》与《孙子算经》

到的符号和概念可以查阅相关的数论教材）：

$$N \equiv 2(\bmod\ 3) \equiv 3(\bmod\ 5) \equiv 2(\bmod\ 7)$$

其通解为 $N = 23 + 105k$（其中 N 为物的数量，k 为任意正整数）。"物不知数"问题是著名的中国剩余定理的特例，该定理也称"大衍求一术"，它的系统阐述是我国南宋时期数学家秦九韶在其著作《数书九章》中给出的，是中国古代最具代表性的主要数学成就之一。

中国剩余定理：设整数 $a_1, a_2, \cdots, a_n$ 两两互素，则对任意的整数 $c_1, c_2, \cdots, c_n$，一元线性同余方程组

$$\begin{cases} x \equiv c_1(\bmod\ a_1) \\ x \equiv c_2(\bmod\ a_2) \\ \quad\vdots \\ x \equiv c_n(\bmod\ a_n) \end{cases} \tag{2.3}$$

有解，并且通解可用构造法得到。

下面以 $n=3$ 的同余方程组为例，来具体说明中国剩余定理中的"构造法"：

$$N \equiv c_1(\bmod\ a_1) \equiv c_2(\bmod\ a_2) \equiv c_3(\bmod\ a_3) \tag{2.4}$$

式（2.4）可以转化成 3 个同余方程

$$N \equiv 1(\bmod\ a_1) \equiv 0(\bmod\ a_2) \equiv 0(\bmod\ a_3)$$
$$N \equiv 0(\bmod\ a_1) \equiv 1(\bmod\ a_2) \equiv 0(\bmod\ a_3)$$
$$N \equiv 0(\bmod\ a_1) \equiv 0(\bmod\ a_2) \equiv 1(\bmod\ a_3)$$

由于 a_1, a_2, a_3 两两互素，故存在 μ_1, μ_2 满足 $\mu_1 a_1 + \mu_2 a_2 a_3 = 1$，取 $N_1 = 1 - \mu_1 a_1$，易知其为第一个同余方程的解，同理取 $N_2 = 1 - \nu_1 a_2$、$N_3 = 1 - \lambda_1 a_3$ 满足后两个同余方程，因此

$$N = c_1 N_1 + c_2 N_2 + c_3 N_3 + k a_1 a_2 a_3 \quad （k \text{ 为任意整数}）$$

为同余方程（2.4）的解。

2.2.4 不定方程

不定方程,是数论中最古老的分支之一,是指解的范围为整数、正整数、有理数或代数整数的方程(组),其未知数个数通常多于方程个数。下面列出两类不定方程。

(1) 毕达哥拉斯方程:$a^2 + b^2 = c^2$ 的正整数解,可以表示为如下形式:

$$a = 2pq, \quad b = p^2 - q^2, \quad c = p^2 + q^2 \tag{2.5}$$

式中,p,q 互素,$p > q$ 且不同时为奇数。(详见第 1 章拓展阅读)

(2) 二元一次不定方程:$ax + by = c$(其中 a,b,c 均为整数),其通解为

$$x = x_0 - \frac{b}{(a,b)}t, \quad y = y_0 + \frac{a}{(a,b)}t \quad (\text{其中 } t \text{ 为整数}) \tag{2.6}$$

式中,(x_0, y_0) 是方程 $ax + by = c$ 的一组特解。

事实上,若 $ax_0 + by_0 = c$,则对任意的 $t \in \mathbb{Z}$($\mathbb{Z}$ 是整数集),有

$$ax + by = a\left(x_0 - \frac{b}{(a,b)}t\right) + b\left(y_0 + \frac{a}{(a,b)}t\right) = ax_0 + by_0 = c$$

即 $x = x_0 - \dfrac{b}{(a,b)}t$,$y = y_0 + \dfrac{a}{(a,b)}t$ 是不定方程的解。

反之,若 $ax + by = ax_0 + by_0 = c$,即 $a(x - x_0) = -b(y - y_0)$,则

$$\frac{a}{(a,b)}(x - x_0) = -\frac{b}{(a,b)}(y - y_0)$$

由 $\left(\dfrac{a}{(a,b)}, \dfrac{b}{(a,b)}\right) = 1$,得 $-\dfrac{b}{(a,b)} \mid (x - x_0)$,$\dfrac{a}{(a,b)} \mid (y - y_0)$,因此,存在 $t_1, t_2 \in \mathbb{Z}$,有

$$x - x_0 = -\frac{b}{(a,b)}t_1, \quad y - y_0 = \frac{a}{(a,b)}t_2$$

由 $\dfrac{a}{(a,b)}\left(-\dfrac{b}{(a,b)}t_1\right) = -\dfrac{b}{(a,b)}\left(\dfrac{a}{(a,b)}t_2\right)$,可知 $t_1 = t_2$,即

$$x = x_0 - \frac{b}{(a,b)}t, \quad y = y_0 + \frac{a}{(a,b)}t, \quad t \in \mathbb{Z}$$

2.2.5 一元三次方程的求解

早在公元 9 世纪前,人们就解决了一元一次方程与一元二次方程的求解问题,然而一元三次方程的求解使众多的数学家们陷入了困境。众所周知,一元三次方程的标准形式为

$$ax^3 + bx^2 + cx + d = 0 \quad (a \neq 0)$$

在对其根式求解(用系数的和、差、积、商、乘方或开方表示解)的过程中,16 世纪的

意大利数学家们给出了完美的解答。首先做出突破的是 S.费罗（S. Ferro），他发现了形如 $x^3+px=q(p,q>0)$ 的一元三次方程的代数解法，临终前将秘密传给了他的一个学生，一直未公开。后来，N.塔尔塔利亚（N. Tartaglia）发现了这种缺二次项的一元三次方程 $x^3+px=q(p,q>0)$ 的一般解法，并将解法传授给 J.卡尔丹（J. Cardan）（图 2.3）。

图 2.3　塔尔塔利亚（左）与卡尔丹（右）

卡尔丹在 1545 年出版的著作《大术》（或译为《大法》）中，将一元三次方程的塔尔塔利亚解法公之于众，一元三次方程 $x^3+px=q(p,q>0)$ 的解法实质是考虑恒等式

$$(a-b)^3+3ab(a-b)=a^3-b^3$$

若选取 a 和 b，使 $3ab=p$，$a^3-b^3=q$，不难解出 a 和 b，即

$$a=\sqrt[3]{\frac{q}{2}+\sqrt{\left(\frac{q}{2}\right)^2+\left(\frac{p}{3}\right)^3}}, \quad b=\sqrt[3]{-\frac{q}{2}+\sqrt{\left(\frac{q}{2}\right)^2+\left(\frac{p}{3}\right)^3}} \tag{2.7}$$

于是得到 $a-b$ 即为所求方程的解 x，后人称之为卡尔丹公式。

卡尔丹还对形如 $x^3=px+q(p,q>0)$ 的方程给出了解的公式：$x=a+b$，其中

$$a=\sqrt[3]{\frac{q}{2}+\sqrt{\left(\frac{q}{2}\right)^2-\left(\frac{p}{3}\right)^3}}, \quad b=\sqrt[3]{\frac{q}{2}-\sqrt{\left(\frac{q}{2}\right)^2-\left(\frac{p}{3}\right)^3}} \tag{2.8}$$

对于有二次项的一元三次方程，通过变换总可以将二次项消去，从而变成可解的类型。一般的一元三次方程 $x^3+bx^2+cx+d=0$，标准的解法是取 $x=y-\dfrac{b}{3}$，使方程化为缺二次项的一元三次方程 $y^3+py=q$，其中 $p=c-\dfrac{b^2}{3}$，$q=d-\dfrac{bc}{3}+\dfrac{2b^3}{27}$。令 $y=z-\dfrac{p}{3z}$ 可得 $z^3-\dfrac{p^3}{27z^3}+q=0$，解得 $z^3=-\dfrac{q}{2}\pm\sqrt{\dfrac{p^3}{27}+\dfrac{q^2}{4}}$。取

$$\begin{cases} A = \left(-\dfrac{q}{2} + \sqrt{\dfrac{p^3}{27} + \dfrac{q^2}{4}} \right)^{\frac{1}{3}}, \quad B = -\dfrac{p}{3A} = \left(-\dfrac{q}{2} - \sqrt{\dfrac{p^3}{27} + \dfrac{q^2}{4}} \right)^{\frac{1}{3}}, \\ \omega = -\dfrac{1}{2} + \dfrac{\mathrm{i}\sqrt{3}}{2} \end{cases} \tag{2.9}$$

则 $z_1 = A$，$z_2 = \omega A$，$z_3 = \omega^2 A$，进而得到

$$y_1 = A + B, \quad y_2 = \omega A + \omega^2 B, \quad y_3 = \omega^2 A + \omega B。$$

2.2.6　费拉里与一元四次方程求解

L.费拉里(L. Ferrari)是意大利数学家,他出身贫苦,15 岁时到卡尔丹处为仆,天性聪慧,后跟随卡尔丹学习拉丁语、希腊语和数学。他成功得到了一元四次方程的解法,收录在卡尔丹的《大术》中。

费拉里的思想也是化归法,解法是利用一个变换: $x = y - \dfrac{b}{4a}$，将一般的一元四次方程 $ax^4 + bx^3 + cx^2 + dx + e = 0$ 简化为 $y^4 + py^2 + qy + r = 0$，由此进一步得到 $y^4 + 2py^2 + p^2 = py^2 - qy - r + p^2$。 于是对于任意的 z，有

$$(y^2 + p + z)^2 = py^2 - qy - r + p^2 + 2z(y^2 + p) + z^2$$
$$-(p + 2z)y^2 - qy + (p^2 - r + 2pz + z^2)$$

再选择适当的 z，使上式右边成为完全平方式,即使 $4(p+2z)(p^2 - r + 2pz + z^2) - q^2 = 0$ 成立,这样就变为关于 z 的三次方程。

2.2.7　代数基本定理

代数学中有一个著名的代数基本定理: 每个非常数多项式 $f(z) = a_n z^n + \cdots + a_1 z + a_0$ 在复数域中一定有一个根。此定理在代数学乃至整个数学中都起着基础性作用。作为一个简单的推论,可知一元 n 次复系数多项式方程在复数域内有且只有 n 个根(重根按重数计算)。1799 年,22 岁的德国数学家 C. F.高斯(C. F. Gauss)在哥廷根大学的博士论文中给出了代数基本定理的第一个严格证明。事实上,如果利用复变函数中的刘维尔定理:有界整函数必为常数,可以给出代数基本定理如下的简洁优美的证明。

采用反证法。若非常数多项式 $f(z) = a_n z^n + \cdots + a_1 z + a_0 (a_n \neq 0)$ 在复数域中没有根,即 $f(z) \neq 0$，则

$$\frac{1}{f(z)} = \frac{1}{a_n z^n + \cdots + a_1 z + a_0}$$

在复平面$\mathbb{C}$上解析。另一方面

$$\lim_{z \to \infty} \frac{1}{|f(z)|} = \lim_{z \to \infty} \frac{1}{|a_n z^n + \cdots + a_1 z + a_0|}$$

$$= \lim_{z \to \infty} \frac{1}{|a_n| \, |z|^n \left| 1 + \cdots + \dfrac{a_1}{a_n} \dfrac{1}{z^{n-1}} + \dfrac{a_0}{a_n} \dfrac{1}{z^n} \right|} = 0$$

因此，$\exists \delta > 0$，使得当 $|z| \geqslant \delta$ 时，$\dfrac{1}{|f(z)|} \leqslant 1$，而由解析性，可知

$$\left| \frac{1}{f(z)} \right| \leqslant M = \max \left\{ 1, \sup_{|z| \leqslant \delta} \frac{1}{|f(z)|} \right\}$$

从而，由刘维尔定理，知 $\dfrac{1}{f(z)} \equiv C$，即 $f(z) \equiv \dfrac{1}{C}$，与 $f(z)$ 是非常数多项式矛盾。

2.3   阿贝尔与伽罗瓦——抽象代数的双子星

2.3.1   阿贝尔与群

N.H.阿贝尔(N. H. Abel)是 19 世纪上半叶挪威数学家，26 岁就英年早逝，他是现代数学之先驱，在很多数学领域都做出了开创性的工作。他最著名的研究成果是在其论文《一元五次方程没有代数一般解》中，首次完整给出了五次及五次以上的一般代数方程没有一般形式的代数解的证明。阿贝尔还研究了二项级数的性质、阿贝尔积分和阿贝尔函数，发现了椭圆函数的加法定理、双周期性，并引进了椭圆积分的反演，与同时代的德国数学家 C. G. J.雅可比(C. G. J. Jacobi)一起被公认为是椭圆函数论的奠基者。

阿贝尔关于一元五次及五次以上代数方程没有一般形式的代数解的研究，引出了可交换群（即阿贝尔群）的概念。在数学和抽象代数中，群具有重要地位：许多代数结构，包括环、域和模等都可以看作是在群的基础上添加新的运算和公理而形成的，群的精确定义如下：

设 G 是一个非空集合，"$\cdot$"是一个二元运算，如果满足以下条件：

（1）封闭性：若 $a, b \in G$，则存在唯一确定的 $c \in G$，使得 $a \cdot b = c$；

（2）结合律：对 G 中任意元素 a, b, c，都有 $(a \cdot b) \cdot c = a \cdot (b \cdot c)$；

（3）存在单位元：存在 $e \in G$，对任意 $a \in G$，满足 $a \cdot e = e \cdot a = a$，$e$ 称为单位元；

（4）存在逆元：对任意 $a \in G$，存在 $b \in G$，使得 $a \cdot b = b \cdot a = e$（$e$ 为单位元），则称 a 与 b 互为逆元素，简称逆元，b 记作 a^{-1}。则称 G 对"$\cdot$"构成一个群，记为 $\{G; \cdot\}$。

群虽然是极其抽象的数学概念，但却是研究对称性最重要的数学工具，因而在数学的许多分支都有应用。群的重要性还体现在物理和化学的研究中，因为许多具有对称性的不同的物理结构，例如晶体结构和氢原子结构都可以用群论方法来

进行建模。杨振宁先生认为 20 世纪理论物理学的三大主旋律分别是：量子化、对称和相位因子。

2002 年，为纪念阿贝尔 200 周年诞辰，也为弥补诺贝尔奖没设数学奖的遗憾，挪威政府宣布自 2003 年起开始颁发国际数学大奖"阿贝尔奖"，奖励那些在数学领域做出杰出贡献的科学家，获奖者无年龄的限制，颁奖典礼于每年 6 月在挪威首都奥斯陆举行。

2.3.2 伽罗瓦与古希腊三大几何作图问题

E.伽罗瓦(E. Galois)是与阿贝尔同时代的 19 世纪上半叶法国的天才数学家(图 2.4)，21 岁因决斗而不幸早逝。伽罗瓦是现代数学的重要分支——群论的创立者，他使用群论的思想讨论方程的可解性问题，系统地阐释了为何一元五次及五次以上方程没有根式解，而四次及四次以下方程有根式解，从而彻底解决了根式求解代数方程的问题，并由此发展了一整套关于群和域的理论，后被称为伽罗瓦理论。

图 2.4　阿贝尔(左)与伽罗瓦(右)

伽罗瓦理论的威力还体现在对古希腊三大几何作图(尺规作图)问题的研究中。所谓尺规作图，指的是作图只能使用无刻度的直尺和圆规，并只能使用有限次。尺规作图所能作的基本图形有：过两点画一条直线，作圆，作两条直线的交点，作两圆的交点，作一条直线与一个圆的交点。古希腊三大几何作图问题是指如下三个尺规作图问题：

(1) 倍立方：作一立方体，使该立方体体积为给定立方体体积的两倍。

(2) 化圆为方：作一正方形，使其面积与一给定的圆面积相等。

(3) 三等分角：分一个给定的任意角为三个相等的部分。

例如，若设已知的立方体边长为 1，要建造的立方体边长为 x，则倍立方体问题就等价于问方程 $x^3 = 2$ 是否有"尺规解"(即代数数解，代数数为有理系数多项式的根)，由伽罗瓦理论，这类方程不能有"尺规解"。若设圆的半径为 1，正方形的边长为 x，则化圆为方问题就等价于问方程 $x^2 = \pi$ 是否有"尺规解"。1882 年，德国数学家 C. F. L. 凡·林德曼（C. F. L. von Lindemann）证明了圆周率 π ＝ 3.141 592 6…是超越数，由伽罗瓦理论，尺规作图不能作出超越数（超越数是不能作为有理系数多项式根的实数），所以用尺规作图不能化圆为方。若任意一个角能三等分，则 60°也能三等分，即用尺规能作出 20°的角，则长为 2cos20°的线段也应该能作出来，但是这等价于方程 $x^3 - 3x - 1 = 0$ 有"尺规解"，仍由伽罗瓦理论，这类方程没有"尺规解"。

2.3.3　代数学的女王——诺特

E.诺特（E. Noether）是近代德国伟大的女数学家，研究领域为抽象代数和理论物理学，她善于用深刻而透彻的洞察力建立简洁优雅的抽象概念，并将之漂亮地形式化，即利用所谓的代数公理化方法，使得抽象代数学真正成为一门数学分支。

诺特被誉为"现代数学代数化的伟大先行者""代数学的女王"，她的研究成果整理在 20 世纪德国著名的哥廷根代数学派的传承者、荷兰数学家范·德·瓦尔登（van der Waerden）的《代数学》一书中（图 2.5）。

图 2.5　诺特与《代数学》

2.4　代数几何——菲尔兹奖的宠儿

2.4.1　代数几何及其重要性

代数几何是现代数学的一个重要分支，是继解析几何之后，用代数方法研究几何的另一个数学分支。代数几何的基本研究对象是任意维数的仿射或射影空间中的由若干代数方程的公共零点所构成的集合——代数簇的几何特性。解析几何学的出发点是通过引进坐标系来表示点的位置，而代数几何学则对代数簇也引进了坐标，用坐标法这一有力工具来进行研究。

在 20 世纪的数学史上，代数几何学始终处于一个核心的地位。作为数学大奖之一的菲尔兹奖得主中,大约有 1/3 的数学家其获奖工作都与代数几何有一定的联系,从中对代数几何的地位可窥见一斑。这是因为在该分支中有大量未解决的问题,而且这些难题涉及其他许多学科,这使得代数几何这一数学领域一直长盛不衰。

2.4.2　代数几何学的 7 个时期

20 世纪,法国著名数学家 J. A. E. 迪厄多内(J. A. E. Dieudonné)将代数几何学的发展历史分为如下 7 个时期:

(1) 前史阶段(约公元前 400—公元 1630);

(2) 探索阶段(1630—1795);

(3) 射影几何的黄金时代(1795—1850);

(4) 黎曼和双有理几何时代(1850—1866);

(5) 发展和混乱时期(1866—1920);

(6) 新结构和新思想时期(1920—1950);

(7) 层和概型时代(1950—　　)。

2.4.3　代数几何学的上帝——格罗滕迪克

代数几何王者辈出,但被认为是这个领域中"上帝"的人只有一个,那就是被誉为"20 世纪最伟大数学家"的 A.格罗滕迪克(A. Grothendieck)(图 2.6)。格罗滕迪克年轻时先后师从布尔巴基学派的分析大师、法国数学家迪厄多内和著名的泛函分析大师、法国数学家 H.A.施瓦茨(H. A. Schwarz),很快成为拓扑向量空间理论的权威。1957 年开始,格罗滕迪克的研究主要转向了代数几何和同调代数,把 J.勒雷(J. Leray)、J.P.塞尔(J. P. Serre)等人的代数几何同调方法和层论发展到了一个崭新的高度——概型理论,从而奠定了现代代数几何的基础。

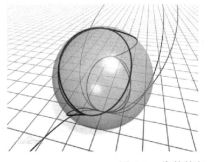

图 2.6　代数簇与格罗滕迪克

2.5 哥德巴赫猜想——"数学女王"皇冠上的宝石

2.5.1 哥德巴赫猜想

"数学王子"高斯说过,数学是自然科学的女王,数论是数学女王头上的皇冠,而哥德巴赫猜想就是数论皇冠上璀璨的宝石。所谓的哥德巴赫猜想,指的是德国数学家 C.哥德巴赫(C. Goldbach)于 1742 年给瑞士数学家欧拉的信中提出的猜想:任一大于 5 的奇数都可写成 3 个素数之和(也称"奇数哥德巴赫猜想")。哥德巴赫自己无法证明它,于是就写信请欧拉帮忙。欧拉也无法证明,但他提出了另一个"哥德巴赫猜想"版本:任一大于 2 的偶数都可写成 2 个素数之和(也称"偶数哥德巴赫猜想")。

从"偶数哥德巴赫猜想"可以推出"奇数哥德巴赫猜想",因此后者被称为"弱哥德巴赫猜想"。虽然弱哥德巴赫猜想尚未完全解决,但 1937 年苏联数学家 I.M.维诺格拉多夫(I. M. Vinogradov)已经证明:对于充分大的奇数都能写成 3 个素数之和,被称为"三素数定理",这是关于哥德巴赫猜想的第一个实质性的突破。

2.5.2 华罗庚——中国数学的圆心

华罗庚是中国最早从事哥德巴赫猜想研究的数学家,在他的领导下,中国数学家在哥德巴赫猜想的研究工作中做出了令世界瞩目的杰出成就。

华罗庚也是中国解析数论、矩阵几何学、典型群、自守函数论与多元复变函数论等多个研究领域的创始人和开拓者,他被列为芝加哥科学技术博物馆中当今世界 88 位数学伟人之一。在国际上以华罗庚命名的数学科研成果有"华氏定理""嘉当-布饶尔-华定理""华氏不等式""华氏算子""华-王方法"等。

2.5.3 中国的解析数论学派

1950 年,华罗庚从美国回国,在中国科学院数学研究所组织数论研究讨论班,选择了哥德巴赫猜想作为讨论的主题。参加讨论班的学生中,王元、潘承洞和陈景润等在哥德巴赫猜想的证明上都取得了重要成果。

如果把命题"任一充分大的偶数都能写成一个素因子个数不超过 a 个的数与另一个素因子不超过 b 个的数之和"记作"$a+b$",那么,中国解析数论学派对于哥德巴赫猜想的主要贡献可以总结如下。

(1) 1956 年,王元证明了"3+4";

(2) 1957 年,王元又证明了"2+3";

(3) 1962 年,潘承洞证明了"1+5";

(4) 1963 年,潘承洞与王元又证明了"1+4";

(5) 1966 年,陈景润在对筛法作了新的重要改进后,证明了"1+2",即任一充分大的偶数都能写成两个素数之和,或是一个素数和两个素数乘积之和。

2.6 怀尔斯——费马最后定理的终结者

2.6.1 费马最后定理

在数论中,有个著名的**费马小定理**:若 p 是素数,且 $(a,p)=1$,则 $a^{p-1} \equiv 1(\bmod p)$,此定理在 RSA 公钥加密算法中有重要的应用,证明方法也非常巧妙。

事实上,构造素数 p 的既约剩余系 $P=\{1,2,\cdots,p-1\}$,因为 $(a,p)=1$,则对 $\forall 1 \leqslant i \neq j \leqslant p-1$,有 $ia \not\equiv ja(\bmod p)$。因此

$$1 \cdot 2 \cdots \cdot (p-1) \equiv a \cdot 2a \cdots \cdot (p-1)a(\bmod p)$$

即 $(p-1)! \equiv (p-1)!a^{p-1}(\bmod p)$。同余式两边可约去,得到

$$a^{p-1} \equiv 1(\bmod p) \tag{2.10}$$

比费马小定理更有名的是费马大定理,也称费马最后定理。费马早年在阅读丢番图的著作《算术》时,曾在第 11 卷第 8 命题旁写道:"将一个立方数分成两个立方数之和,或一个四次幂分成两个四次幂之和,或者一般地将一个高于二次的幂分成两个同次幂之和,这是不可能的。关于此,我确信已发现了一种美妙的证法,可惜这里空白的地方太小,写不下。"费马最后定理的数学语言表述如下。

费马最后定理:$n \geqslant 3$ 是整数,则方程 $x^n + y^n = z^n$ 没有满足 $xyz \neq 0$ 的整数解。

2.6.2 费马最后定理的近代研究

费马最后定理早期的进展,是由欧拉给出的。他证明了 $n=3$ 时的费马最后定理成立,证明依赖于数系 $\mathbb{Z}[\sqrt{-3}]=\{a+b\sqrt{-3} \mid a,b \in \mathbb{Z}\}$ 的唯一分解定理并使用了无穷递降法。

然而,唯一分解定理并不是总成立的,例如:$\mathbb{Z}[\sqrt{-5}]=\{a+b\sqrt{-5} \mid a,b \in \mathbb{Z}\}$ 中的 $6=2\times 3=(1+\sqrt{-5})(1-\sqrt{-5})$,分解并不唯一。

欧拉之后,对费马最后定理做出重要突破的是 19 世纪德国数学家 E. E. 库默尔(E. E. Kummer)(图 2.7)。库默尔在数论、几何学、函数论、数学分析、方程论等方面都有较大贡献。特别在数论方面,库默尔花的时间最多,贡献也最大。他研究过高斯的高次互反律,研究了费马最后定理这一数论中最困难的问题之一。

库默尔考虑了不定方程 $x^p + y^p = z^p$,p 是奇素数,将其化为如下形式:

$$x^p = z^p - y^p = (z-y)(z-\zeta y)\cdots(z-\zeta^{p-1}y) \tag{2.11}$$

图 2.7   费马大定理(费马最后定理)与库默尔

式中 ζ 是一个 p 次本原单位根,也就是方程 $x^{p-1}+x^{p-2}+\cdots+x+1=0$ 的一个根。在这一前提下,库默尔给出了费马最后定理的证明,虽然同时代的德国数学家 J. P. G. L. 狄利克雷(J. P. G. L. Dirichlet)后来指出唯一分解定理不一定成立,但这无疑对费马最后定理做出了重要贡献。

在此基础上,库默尔将高斯的复整数 $\mathbb{Z}[\sqrt{-1}]=\{a+b\sqrt{-1}\,|\,a,b\in\mathbb{Z}\}$ 理论推广到形如

$$f(\zeta)=a_0+a_1\zeta+\cdots+a_{p-1}\zeta^{p-1}, \quad a_i\in\mathbb{Z}$$

的数,创立了比费马最后定理本身更重要的理想数理论,为代数学、函数论、方程论等学科提供了新的有效工具。在库默尔理想数理论的基础上,戴德金创立了一般理想理论,后经戴德金和 L.克罗内克(L. Kronecker)的进一步发展,建立了现代的代数数论。

在代数数论中,代数数和数域是两个非常重要的概念。所谓 n 次代数数,指的是数 r 是整系数代数方程

$$a_0x^n+a_1x^{n-1}+\cdots+a_{n-1}x+a_n=0$$

的根,但不是次数低于 n 的方程的根。

戴德金在“代数数”的基础上,引入了数域 F 的概念:如果 $\alpha,\beta\in F$,则

$$\alpha+\beta, \quad \alpha-\beta, \quad \alpha\cdot\beta, \quad \alpha/\beta(\beta\neq 0)\in F \tag{2.12}$$

作为特例,可知全体代数数的集合形成一个数域。

2.6.3   莫德尔猜想与谷山-志村-韦依猜想

1983 年,德国数学家 G.法尔廷斯(G. Faltings)证明了**莫德尔猜想**:最多存在有限对数偶 $x_i,y_i\in\mathbb{Q}$,使得 $f(x_i,y_i)=0$。莫德尔猜想被证明成立,说明费马最后定理中的方程本质上最多有有限多个整数解,从而翻开了费马最后定理研究的新篇章。法尔廷斯也因此获得 1986 年菲尔兹奖。

另一方面,1955 年,日本数学家谷山丰(T. Yutaka)首先猜测椭圆曲线与另一类数学家们了解更多的曲线——模曲线之间存在着某种联系。谷山丰的猜测后经 A.韦依(A.Weil)和志村五郎(G. Shimura)进一步精确化而形成了"谷山-志村-韦依猜想":有理数域上的椭圆曲线都是模曲线(图 2.8)。

图 2.8　法尔廷斯、谷山丰与志村五郎(从左至右)

1985 年,德国数学家 G.弗雷(G. Frey)指出了谷山-志村-韦依猜想与费马最后定理的关系,他提出了如下命题:假定费马最后定理不成立,即存在一组非零整数 A,B,C,使得 $A^n + B^n = C^n(n > 2)$,则用这组数构造出的形如 $y^2 = x(x + A^n)(x - B^n)$ 的椭圆曲线,不可能是模曲线。

弗雷命题使费马最后定理的证明又向前迈进了一步,1986 年,美国数学家 K.里贝特(K. Ribet)证明了弗雷命题,于是费马最后定理证明的希望便集中于"谷山-志村-韦依猜想"。

2.6.4　费马最后定理的证明

1993 年 6 月,英国数学家 A.怀尔斯(A. Wiles)(图 2.9)宣称证明了:对有理数域上的一大类椭圆曲线,谷山-志村-韦依猜想成立。而弗雷曲线恰好属于怀尔斯所说的这一大类椭圆曲线,也就表明了他证明了费马最后定理。

图 2.9　怀尔斯

但评审专家对怀尔斯的证明进行审查时,发现有漏洞,怀尔斯不得不努力修复这一看似简单的漏洞。他和他的学生 R.泰勒(R.Taylor)花了近一年的时间,利用之前怀尔斯曾经抛弃过的与岩泽理论有关的一个方法修补了这个漏洞,从而证明了谷山-志村-韦依猜想,进而最终证明了费马最后定理。怀尔斯因此获得了 1998 年国际数学家大会的特别荣誉——菲尔兹特别奖。

2.6.5　算术代数几何——费马最后定理的丰富遗产

算术代数几何是代数几何的一个分支,原指从 G.法尔廷斯(G. Faltings)、D.G.奎林(D. G. Quillen)等在算术曲面上黎曼-罗赫定理的一系列研究工作,现在一般指所有以数论为背景或目的的代数几何。在算术代数几何中,许多学科起着重要作用,并且相互交叉和渗透,包括数论、模形式、表示论、代数几何、代数数论、李群、多复变函数论、黎曼面、K 理论等。许多著名问题,如莫德尔猜想、费马最后定理等的研究中,都表明了几何方法的必要性,这正是算术代数几何的生命力所在。

参考题

1. 如何笔算求正数 a 的 n 次方根?(参看"扩展阅读——奇妙的数论与代数学")

2. 梳理数学史上关于一元 n 次方程的根式求解历程。

3. 一般的方程 $f(x)=0$ 如何求其近似解?(参看"扩展阅读——奇妙的数论与代数学")

4. 求著名的斐波那契数列:$\begin{cases} a_1=1,\ a_2=1, \\ a_n=a_{n-1}+a_{n-2}(n\geqslant 3) \end{cases}$ 的通项公式。(参看"扩展阅读——奇妙的数论与代数学")

5. 求 $\sum\limits_{n=0}^{\infty} r^n\cos nx$,$\sum\limits_{n=0}^{\infty} r^n\sin nx$ $(0<r<1)$。(参看"扩展阅读——奇妙的数论与代数学")

6. 阐述费马最后定理从近代发展到 20 世纪的数学历程。

7. 利用无穷递降法,证明如下问题(29 届 IMO 第 6 题):若正整数 a 与 b,使得 $(ab+1)\mid(a^2+b^2)$,则 $\dfrac{a^2+b^2}{ab+1}$ 是某个正整数的平方。

8. 在如下两个条件下,求满足函数方程 $f(x+y)=f(x)+f(y)$ 的函数:

(1) $f(x)$ 可微;

(2) $f(x)$ 连续。(参看"扩展阅读——奇妙的数论与代数学")

扩展阅读——奇妙的数论与代数学

1. 笔算开方

如求正数 a 的平方根：设 a_1 是这个根的首次近似，由 $b_1 = \dfrac{a}{a_1}$ 求出第二次近似 b_1，取 $a_2 : \max\{a_1, b_1\} \geq a_2 = \dfrac{a_1 + b_1}{2} \geq \sqrt{a_1 b_1} = \sqrt{a}$，为下一步近似，再求出 $b_2 = \dfrac{a}{a_2}$，则 $a_3 = \dfrac{a_2 + b_2}{2}$ 将为更好的近似值，以此类推……。

如求正数 a 的 n 次方根：设 a_1 是这个根的首次近似，由 $b_1 = \dfrac{a}{a_1^{n-1}}$ 求出第二次近似 b_1，取 $a_2 : \max\{a_1, b_1\} \geq a_2 = \dfrac{(n-1)a_1 + b_1}{n} \geq \sqrt[n]{a_1^{n-1} b_1} = \sqrt[n]{a}$，为下一步近似，再求出 $b_2 = \dfrac{a}{a_2^{n-1}}$，则 $a_3 = \dfrac{(n-1)a_2 + b_2}{n}$ 将为更好的近似值，以此类推……。

2. 丢番图的《算术》

丢番图的著作《算术》，一共有 13 卷。15 世纪发现的希腊文本仅存 6 卷，1973 年在伊朗境内的马什哈德又发现了阿拉伯文 4 卷，这样现存的《算术》有 10 卷，共 290 个问题。

《算术》具有浓厚的东方色彩，用纯分析的角度处理数论问题，这是希腊算术与代数的最高水平。它传到欧洲是比较晚的，16 世纪，才有拉丁文的《算术》翻译出版，这本著作也促使费马走向近代数论研究之路，他在这本书上写了许多批注，其中就包括著名的费马最后定理。费马的儿子将全部批注插入正文于 1670 年再版。

3. 丢番图猜想

丢番图发现 1、33、68、105 中任何两数之积再加上 256，其和皆为某个有理数的平方。在丢番图的上述发现约 1300 年后，费马发现数组：1、3、8、120 中任意两数之积再加上 1 后，其和均为完全平方数(可以成为正整数平方的数)。但问题也许并没有完，人们也许还自然会想到：

(1) 有上述性质的数组中，数的个数能否超越 4 个？

(2) 有无这样的数组，在两两相乘后加其他数，还能为完全平方数？

4. 牛顿迭代法(图 2.10)

设 $f(x) \in C^2[a, b]$($[a, b]$ 上二阶导数连续的函数全体)，在点 $x_0 \in [a, b]$ 泰勒展开

$$f(x) = f(x_0) + f'(x_0)(x - x_0) + \frac{f''(\xi)}{2}(x - x_0)^2$$

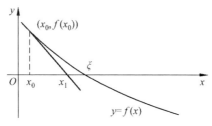

图 2.10 牛顿迭代法

略去二次项，得到线性近似式

$$f(x) \approx f(x_0) + f'(x_0)(x - x_0)$$

由此得方程 $f(x)=0$ 的近似根 $x = x_0 - \dfrac{f(x_0)}{f'(x_0)}$（假定 $f'(x_0) \neq 0$），即可构造出迭

代格式

$$x_{k+1} = x_k - \frac{f(x_k)}{f'(x_k)}$$

此为牛顿迭代公式，若 $\lim_{k \to \infty} x_k = \alpha$，则 α 就是一般的非线性方程 $f(x)=0$ 的根。

5. 差分

差分是离散数学的重要概念，在数学、物理和信息学中应用广泛。在研究离散
变量时，常用函数差来近似导数。对于函数 $f(x)$，常用的差分有以下几种：

（1）向前差分：$\Delta f(x) = f(x+1) - f(x)$；

（2）向后差分：$\nabla f(x) = f(x) - f(x-1)$；

（3）高阶差分：$\Delta^n f(x) = \Delta(\Delta^{n-1} f(x)) = \Delta^{n-1} f(x+1) - \Delta^{n-1} f(x)$。

差分也有类似的二项式定理

$$\Delta^n f(x) = \sum_{i=0}^{n} C_n^i (-1)^{n-i} f(x+i)$$

作为特例有 $\Delta^2 f(x) = f(x+2) - 2f(x+1) + f(x)$。

类似于函数的泰勒展开定理，差分也有类似的展开定理

$$f(x+a) = \sum_{k=0}^{\infty} \frac{\Delta^k f(a)}{k!} (x)_k = \sum_{k=0}^{\infty} C_x^k \Delta^k f(a)$$

其中 $C_x^k = \dfrac{x(x-1)\cdots(x-k+1)}{k!}$。

6. 斐波那契数列

$$\begin{cases} a_1 = 1, \quad a_2 = 1, \\ a_n = a_{n-1} + a_{n-2} \quad (n \geqslant 3) \end{cases}$$

设递推式为 $a_n + \lambda a_{n-1} = \mu(a_{n-1} + \lambda a_{n-2})$，即 $a_n = (\mu - \lambda)a_{n-1} + \lambda\mu a_{n-2}$。比较系数

得

$$\begin{cases} \mu - \lambda = 1, \\ \lambda\mu = 1 \end{cases} \quad 解得 \begin{cases} \lambda_1 = \dfrac{-1+\sqrt{5}}{2} \\ \mu_1 = \dfrac{1+\sqrt{5}}{2} \end{cases}, \begin{cases} \lambda_2 = \dfrac{-1-\sqrt{5}}{2} \\ \mu_2 = \dfrac{1-\sqrt{5}}{2} \end{cases}$$

由 $a_n + \lambda a_{n-1} = \mu^{n-2}(a_2 + \lambda a_1) = \mu^{n-2}(1+\lambda)$,代入可得

$$a_n + \frac{-1+\sqrt{5}}{2} a_{n-1} = \left(\frac{1+\sqrt{5}}{2}\right)^{n-1}, \quad a_n - \frac{1+\sqrt{5}}{2} a_{n-1} = \left(\frac{1-\sqrt{5}}{2}\right)^{n-1}$$

因此

$$a_n = \frac{1}{\sqrt{5}}\left(\left(\frac{1+\sqrt{5}}{2}\right)^n - \left(\frac{1-\sqrt{5}}{2}\right)^n\right)$$

7. 计算 $\displaystyle\sum_{n=0}^{\infty} r^n \cos nx$, $\displaystyle\sum_{n=0}^{\infty} r^n \sin nx$ $(0 < r < 1)$。

利用欧拉公式,设 $z = r\mathrm{e}^{\mathrm{i}x} = r(\cos x + \mathrm{i}\sin x)(0 < r < 1)$,由棣莫佛定理

$$\sum_{n=0}^{\infty} z^n = \sum_{n=0}^{\infty} (r(\cos x + \mathrm{i}\sin x))^n = \sum_{n=0}^{\infty} r^n \cos nx + \mathrm{i}\sum_{n=0}^{\infty} r^n \sin nx$$

再根据等比级数求和公式,得

$$\sum_{n=0}^{\infty} z^n = \frac{1}{1-z} = \frac{1}{1 - r\cos x - \mathrm{i}r\sin x} = \frac{1 - r\cos x + \mathrm{i}r\sin x}{(1 - r\cos x)^2 + (r\sin x)^2}$$

$$= \frac{1 - r\cos x + \mathrm{i}r\sin x}{1 + r^2 - 2r\cos x^2}$$

比较实部和虚部,得

$$\sum_{n=0}^{\infty} r^n \cos nx = \frac{1 - r\cos x}{1 + r^2 - 2r\cos x^2}, \quad \sum_{n=0}^{\infty} r^n \sin nx = \frac{r\sin x}{1 + r^2 - 2r\cos x^2}$$

8. "数学王子"高斯的数学贡献

(1) 第一次严格证明了代数学基本定理,在数论基础上提出了判断一给定边数的正多边形是否可以尺规作图的准则。例如,用尺规作图可以作圆内接正十七边形。

(2) 较早认识到可能存在一种平行公设不适用的几何学,即确实存在非欧几何,其内部相容并且没有矛盾。

(3) 预测谷神星的轨道,预测方法实际上就是现代数学中的"最小二乘法"。

(4) 在大地测量方面,用数学方法测定了地球表面形状和大小。

(5) 利用大地测量数据发展了曲面论,指出:一个曲面的特征只要测量曲面上曲线的长度就能确定。这启发了 G. F. B. 黎曼(G. F. B. Riemann)发展三维或多维空间的一般内蕴几何学,成为爱因斯坦广义相对论的数学基础(图 2.11)。

高斯的名言：

（1）浅薄的学识使人远离神，广博的学识使人接近神。

（2）数学，科学的皇后；算术，数学的皇后。

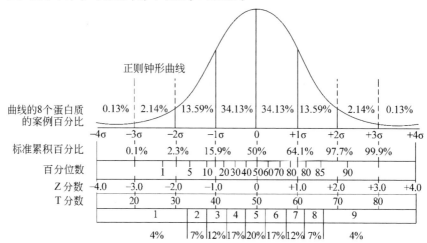

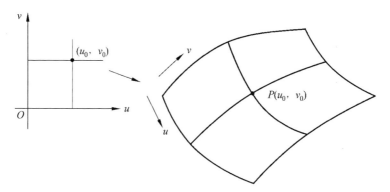

图 2.11　正态分布（高斯分布）、最小二乘法与曲面论

9."业余数学之王"费马的数学贡献

（1）解析几何方面，独立于笛卡儿发现了解析几何的基本原理，笛卡儿是从轨迹寻找它的方程，而费马则是从方程出发来研究轨迹，这正是解析几何基本原则的两个方面。

（2）微积分方面，建立了求切线、求极大极小值以及定积分方法。特别的，在光学中提出了费马最小作用原理：光传播的实际路径是使光程取极值的路径。

（3）概率论方面，建立了概率论中最基本的概念——数学期望。

（4）数论方面，在丢番图的著作《算术》一书基础上，将不定方程的研究限制在整数范围内，从而开创了数论这门数学分支。提出了费马最后定理，提出并证明了费马小定理，发现了第二对亲和数：17 296 和 18 416，等等。

10. 函数论问题

(1) 求满足函数方程 $f(x+y)=f(x)+f(y)$ 的函数：

①$f(x)$ 可微； ②$f(x)$ 连续。

解 ① 若 $f(x)$ 可微，取 $x=y=0$，得 $f(0+0)=f(0)+f(0)$，即 $f(0)=0$。
再取 $x=x$，$y=\Delta x$ 得 $f(x+\Delta x)=f(x)+f(\Delta x)$，因此

$$f'(x)=\lim_{\Delta x\to 0}\frac{f(x+\Delta x)-f(x)}{\Delta x}=\lim_{\Delta x\to 0}\frac{f(\Delta x)-f(0)}{\Delta x}=f'(0)$$

即 $f(x)=f'(0)x+C$，代入 $f(0)=0$ 得 $C=0$，因此 $f(x)=f'(0)x$。

② 若 $f(x)$ 连续，取 $x=y=1$，得 $f(2)=f(1+1)=f(1)+f(1)=2f(1)$，因此

$$f(n)=\underbrace{f(1)+\cdots+f(1)}_{n\uparrow}=nf(1)$$

另一方面，$f(1)=f\left(\underbrace{\frac{1}{n}+\cdots+\frac{1}{n}}_{n\uparrow}\right)=\underbrace{f\left(\frac{1}{n}\right)+\cdots+f\left(\frac{1}{n}\right)}_{n\uparrow}=nf\left(\frac{1}{n}\right)$

得 $f\left(\dfrac{1}{n}\right)=\dfrac{1}{n}f(1)$，从而

$$f\left(\frac{m}{n}\right)=\underbrace{f\left(\frac{1}{n}\right)+\cdots+f\left(\frac{1}{n}\right)}_{m\uparrow}=mf\left(\frac{1}{n}\right)=\frac{m}{n}f(1)$$

对于无理数 x，存在有理数点列 q_n 使得 $\lim\limits_{n\to\infty}q_n=x$，由函数 $f(x)$ 的连续性

$$f(x)=f(\lim_{n\to\infty}q_n)=\lim_{n\to\infty}f(q_n)=\lim_{n\to\infty}q_nf(1)=xf(1)$$

(2) 满足函数方程 $f(x+y)=f(x)\cdot f(y)$ 的函数(假设 $f(x)$ 连续)：

解 取 $x=y=\dfrac{x}{2}$，得 $f(x)=f\left(\dfrac{x}{2}+\dfrac{x}{2}\right)=f\left(\dfrac{x}{2}\right)\cdot f\left(\dfrac{x}{2}\right)\geqslant 0$。 若 $f(x_0)=0$，得

$$f(x)=f(x-x_0+x_0)=f(x-x_0)f(x_0)=0$$

若考虑的是非零解，知 $f(x)>0$，可以取对数，得

$$\ln f(x+y)=\ln f(x)+\ln f(y)$$

由(1)中结论得 $\ln f(x)=Cx$，因此 $f(x)=\mathrm{e}^{Cx}$。

(3) 满足函数方程 $f(xy)=f(x)+f(y)$ 且定义在 $\mathbb{R}^+$(正实数集)的函数(假设 $f(x)$ 连续)：

取 $x=\mathrm{e}^s$，$y=\mathrm{e}^t$ 得 $f(\mathrm{e}^{s+t})=f(\mathrm{e}^s\mathrm{e}^t)=f(\mathrm{e}^t)+f(\mathrm{e}^t)$，设 $F(s)=f(\mathrm{e}^s)$，因此有 $F(s+t)=F(s)+F(t)$，根据(1)得 $F(s)=Cs$，因此 $f(\mathrm{e}^s)=F(s)=Cs=C\ln\mathrm{e}^s$，即 $f(x)=C\ln x$。

第 3 章

从《几何原本》谈起——数学演绎的几何舞台

著名华人物理学家杨振宁先生曾经创作了这样一首诗来描述几何学的几位巨匠(图 3.1):

> 天衣岂无缝,匠心剪接成。
> 浑然归一体,广邃妙绝伦。
> 造化爱几何,四力纤维能。
> 千古存心事,欧高黎嘉陈。

图 3.1 欧(几里得)、高(斯)、黎(曼)、嘉(当)、陈(省身)(从左至右)

3.1 《几何原本》——欧氏几何与公理化体系

3.1.1 历史上最成功的教科书——《几何原本》

《几何原本》为古希腊数学家欧几里得所著,是欧洲数学的基础,被广泛认为是历史上最成功的教科书,据统计,在西方是仅次于《圣经》而流传最广的书籍(图 3.2)。

《几何原本》大约成书于公元前 300 年,全书共分 13 卷。书中包含了 23 个定义、5 条公理、5 条公设和 467 个命题。欧几里得采用了与前人完全不

图 3.2 几何原本

同的叙述几何学的方式,他先提出定义、公理和公设,然后运用逻辑推理由简到繁地证明了 467 个命题。

3.1.2　《几何原本》中的定义、公理和公设

1.《几何原本》中包含如下 23 个定义:

(1) 点是没有部分的。

(2) 线只有长度而没有宽度。

(3) 一线的两端是点。

(4) 直线是它上面的点一样地平放着的线。

(5) 面只有长度和宽度。

(6) 面的边缘是线。

(7) 平面是它上面的线一样地平放着的面。

(8) 平面角是在一平面内但不在一条直线上的两条相交线相互的倾斜度。

(9) 当包含角的两条线都是直线时,这个角叫作直线角。

(10) 当一条直线和另一条直线交成邻角彼此相等时,这些角的每一个叫作直角,而且称这一条直线垂直于另一条直线。

(11) 大于直角的角叫钝角。

(12) 小于直角的角叫锐角。

(13) 边界是物体的边缘。

(14) 图形是一个边界或者几个边界所围成的。

(15) 圆是由一条线包围着的平面图形,其内有一点与这条线上任何一个点所连成的线段都相等。

(16) 这个点(指定义 15 中提到的那个点)叫作圆心。

(17) 圆的直径是任意一条经过圆心的直线在两个方向被圆截得的线段,且把圆二等分。

(18) 半圆是直径与被它切割的圆弧所围成的图形,半圆的圆心与原圆心相同。

(19) 直线形是由线段围成的,三边形是由三条线段围成的,四边形是由四条线围成的,多边形是由四条以上线段围成的。

(20) 在三边形中,三条边相等的,叫作等边三角形;只有两条边相等的,叫作等腰三角形;各边不等的,叫作不等边三角形。

(21) 在三边形中,有一个角是直角的,叫作直角三角形;有一个角是钝角的,叫作钝角三角形;有三个角是锐角的,叫作锐角三角形。

(22) 在四边形中,四边相等且四个角是直角的,叫作正方形;角是直角,但四边不全相等的,叫作长方形;四边相等,但角不是直角的,叫作菱形;对角相等且对

边相等,但边不全相等且角不是直角的,叫作斜方形;其余的四边形叫作不规则四边形。

(23) 平行直线是在同一个平面内向两端无限延长不能相交的直线。

2.《几何原本》中包含如下 5 条公理:

(1) 等于同量的量彼此相等。

(2) 等量加等量,其和相等。

(3) 等量减等量,其差相等。

(4) 彼此能重合的物体是全等的。

(5) 整体大于部分。

3.《几何原本》中包含如下 5 条公设:

(1) 过两点能作且只能作一直线。

(2) 线段(有限直线)可以无限地延长。

(3) 以任一点为圆心,任意长为半径,可作一圆。

(4) 凡是直角都相等。

(5) 同平面内一条直线和另外两条直线相交,若在直线同侧的两个内角之和小于 180°,则这两条直线经无限延长后在这一侧一定相交。

3.1.3 《几何原本》的论证方法

关于几何论证的方法,欧几里得在《几何原本》中提出了分析法、综合法和归谬法。

(1) 分析法是先假设所要求的已经得到,分析这时候成立的条件,由此达到证明的步骤。

(2) 综合法是从以前证明过的事实开始,逐步导出要证明的事项。

(3) 归谬法是在保留命题的假设下,否定结论,从结论的反面出发,导出和已证明过的事实或和已知条件相矛盾的结果,从而证实原命题的结论正确,归谬法也称反证法。

3.1.4 柏拉图多面体与开普勒太阳系模型

在古希腊时代,人们就意识到正多面体只有 5 种,分别是正四面体、正六面体、正八面体、正十二面体和正二十面体[图 3.3(a)]。

事实上,运用欧拉定理中关于多面体的公式 $V+F-E=2$(其中 V 代表多面体的顶点数,F 代表面数,E 代表棱数),可以给出这一论断如下的简洁漂亮的证明。

设正多面体的每个面是正 n 边形,每个顶点有 m 条棱。棱数 E 应是面数 F 与 n 的乘积的一半(每两面共用一条棱),即

$$nF = 2E \tag{3.1}$$

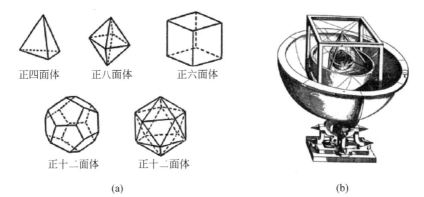

正四面体 正八面体 正六面体

正十二面体 正十二面体

(a) (b)

图 3.3 正多面体与开普勒宇宙模型

同时 E 应是顶点数 V 与 m 的积的一半,即

$$mV = 2E \tag{3.2}$$

由式(3.1)和式(3.2)得 $F = \dfrac{2E}{n}$,$V = \dfrac{2E}{m}$,代入欧拉定理中的公式 $V + F - E = 2$ 得

$\dfrac{2E}{m} + \dfrac{2E}{n} - E = 2$。整理后,得 $\dfrac{1}{m} + \dfrac{1}{n} = \dfrac{1}{2} + \dfrac{1}{E}$。

由于 E 是正整数,所以 $\dfrac{1}{E} > 0$。因此

$$\frac{1}{m} + \frac{1}{n} > \frac{1}{2} \tag{3.3}$$

这说明 m 和 n 不能同时大于 3,否则 $\dfrac{1}{m} + \dfrac{1}{n} < \dfrac{1}{2}$,即式(3.3)不成立。此外,由 m 和 n 的意义(正多面体一个顶点处的棱数与多边形的边数)知 $m \geqslant 3$,$n \geqslant 3$。因此 m,n 至少有一个等于 3。

当 $m = 3$ 时,因为 $\dfrac{1}{n} > \dfrac{1}{2} - \dfrac{1}{3} = \dfrac{1}{6}$,$n$ 又是正整数,所以 n 只能是 3、4、5。同理 $n = 3$ 时,m 也只能是 3、4、5,所以有以下 5 种情况:

(1) $m = 3$、$n = 3$,对应正四面体;

(2) $m = 3$、$n = 4$,对应正六面体;

(3) $m = 4$、$n = 3$,对应正八面体;

(4) $m = 3$、$n = 5$,对应正十二面体;

(5) $m = 5$、$n = 3$,对应正二十面体。

以上 5 种正多面体被称为柏拉图多面体,因古希腊哲学家柏拉图(Plato)及其追随者对它们所做的研究而得名。受柏拉图多面体的启发,开普勒在他早期所著

的《神秘的宇宙》一书中设计了一个有趣的、由许多有规则的几何体构成的宇宙模型[图3.3(b)]。他发现6个行星的轨道恰好同5种正多面体相联系：土星轨道在一个正六面体的外接球上，木星轨道在这个正六面体的内切球上，此球内接一个正四面体，火星轨道在这个正四面体的内切球上，此球再内接一个正十二面体，地球轨道在这个正十二面体的内切球上，此球再内接一个正二十面体，金星轨道在这个正二十面体的内切球上，此球再内接一个正八面体，水星轨道在这个正八面体的内切球上。

3.1.5 割圆曲线与海伦公式

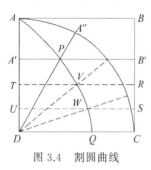

图3.4 割圆曲线

虽然古希腊三大几何作图问题无法通过尺规作图来实现，但利用一些特殊的曲线还是可以实现三等分角和化圆为方的。据说古希腊诡辩学派的希比阿斯（Hippias）为了三等分任意角发明了割圆曲线。在正方形 $ABCD$ 中，令 AB 平行于自身匀速下降直至与 DC 重合，与此同时，DA 顺时针匀速转动直至与 DC 重合。若用 $A'B'$ 和 DA'' 分别表示这两条移动线段在任一时刻的位置，则它们的交点 P 产生的曲线就是割圆曲线（图3.4）。割圆曲线的方程可以按如下的方式求得：

直线 $A'B'$ 方程为 $y=a-vt$，因此 $t=\dfrac{a-y}{v}$，DA' 的角速度 $\omega=\dfrac{\frac{\pi}{2}}{\frac{a}{v}}=\dfrac{\pi v}{2a}$，割圆曲线上的点为 $A'B'$ 与 DA'' 的交点，方程为

$$x = y\tan\frac{\pi v}{2a}t = y\tan\frac{\pi v}{2a}\frac{a-y}{v} = y\tan\frac{\pi(a-y)}{2a} \tag{3.4}$$

由此可知，割圆曲线与 DC 交点 Q 坐标为

$$x = \lim_{y\to 0}y\tan\left(\frac{\pi}{2}-\frac{\pi y}{2a}\right) = \lim_{y\to 0}\frac{y\cos\frac{\pi y}{2a}}{\sin\frac{\pi y}{2a}} = \frac{2a}{\pi} \tag{3.5}$$

如果这种曲线能够作出，那么它不但能够三等分角，而且可以任意等分角，并且也可以通过线段 DQ 来化圆为方。

亚历山大后期，几何学家海伦（Heron）在其代表作《量度》中提出了著名的求三角形面积的海伦公式：

$$S_\triangle = \sqrt{s(s-a)(s-b)(s-c)} \tag{3.6}$$

式中，$s = \dfrac{a+b+c}{2}$，其中 a,b,c 为三角形三条边的长度。

事实上，由三角形面积公式和余弦定理可得

$$
\begin{aligned}
S &= \frac{1}{2}ab\sin C = \frac{1}{2}ab\sqrt{1 - \cos^2 C} \\
&= \frac{1}{2}ab\sqrt{1 - \left(\frac{a^2+b^2-c^2}{2ab}\right)^2} = \frac{1}{4}\sqrt{4a^2b^2 - (a^2+b^2-c^2)^2} \\
&= \frac{1}{4}\sqrt{(2ab + a^2 + b^2 - c^2)(2ab - a^2 - b^2 + c^2)} \\
&= \frac{1}{4}\sqrt{((a+b)^2 - c^2)(c^2 - (a-b)^2)} \\
&= \sqrt{\frac{a+b+c}{2} \cdot \frac{a+b-c}{2} \cdot \frac{a+c-b}{2} \cdot \frac{b+c-a}{2}} \\
&= \sqrt{s(s-a)(s-b)(s-c)}
\end{aligned}
$$

3.2　天体运行规律——解析几何与微积分的光辉

3.2.1　托勒密与地心说

"地心说"最初是古希腊学者泰勒斯（Thales）为首的伊奥尼亚学派形成的理念，由欧多克斯（Eudoxus）提出，然后经亚里士多德（Aristotle）、托勒密进一步发展而逐渐建立和完善起来的。托勒密认为，地球处于宇宙中心静止不动，从地球向外依次有月球、水星、金星、太阳、火星、木星和土星，在各自的轨道上绕地球运转。行星的运动比太阳、月球复杂，行星在本轮上运动，而本轮又沿均轮绕地球运行（图 3.5）。

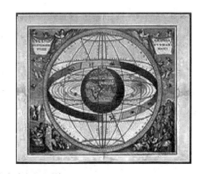

图 3.5　托勒密与地心说

3.2.2 哥白尼与日心说

文艺复兴时期,哥白尼提出了"日心说"(图3.6),打破了长期以来居于宗教统治地位的"地心说"。日心说的具体观点是:

(1) 地球是球形的。

(2) 地球在运动,24小时自转一周。天空比大地大得太多,如果无限大的天穹在旋转而地球不动,实在不可想象。

(3) 太阳是不动的,在宇宙中心,地球以及其他行星一起围绕太阳作圆周运动,只有月亮环绕地球运行。

图 3.6 哥白尼与日心说

以今天的观点来看,日心说和地心说都能较好地解释日月星辰的运动规律,那究竟应该选择哪个学说呢? 这里我们需要借助于**奥卡姆剃刀原理**:如无必要,勿增实体。

奥卡姆剃刀原理是14世纪英格兰逻辑学家、修士奥卡姆(Ockham)提出的,他认为"切勿浪费较多东西去做用较少东西同样可以做好的事情"。虽然日心说和地心说在解释日月星辰的运动规律时都可以采用,但日心说的解释要远比地心说简洁得多,根据奥卡姆剃刀原理,人们选择了日心说。

3.2.3 开普勒行星运动三大定律的数学推导

1.3节介绍的开普勒行星运动三大定律(图3.7)是科学史上非常重要的定律,运用解析几何与微积分的工具,可以给出三定律的如下简洁的推导。

取极坐标系 $z(t) = r(t)(\cos\theta(t) + \mathrm{i}\sin\theta(t)) = r(t)\mathrm{e}^{\mathrm{i}\theta(t)}$,对时间求导得

$$v_r\mathrm{e}^{\mathrm{i}\theta} + v_\theta(\mathrm{i}\mathrm{e}^{\mathrm{i}\theta}) = v = \dot{z} = \dot{r}\mathrm{e}^{\mathrm{i}\theta} + r\dot{\theta}(\mathrm{i}\mathrm{e}^{\mathrm{i}\theta}) = \dot{r}\mathrm{e}^{\mathrm{i}\theta} + r\dot{\theta}\mathrm{e}^{\mathrm{i}(\theta+\frac{\pi}{2})}$$

因此 $v_r = \dot{r}, v_\theta = r\dot{\theta}$ 。 对时间再次求导得

$$a_r\mathrm{e}^{\mathrm{i}\theta} + a_\theta(\mathrm{i}\mathrm{e}^{\mathrm{i}\theta}) = a = \ddot{z} = \ddot{r}\mathrm{e}^{\mathrm{i}\theta} + \dot{r}\dot{\theta}(\mathrm{i}\mathrm{e}^{\mathrm{i}\theta}) + \dot{r}\dot{\theta}(\mathrm{i}\mathrm{e}^{\mathrm{i}\theta}) + r\ddot{\theta}(\mathrm{i}\mathrm{e}^{\mathrm{i}\theta}) - r\dot{\theta}^2\mathrm{e}^{\mathrm{i}\theta}$$

即 $a_r = \ddot{r} - r\dot{\theta}^2, a_\theta = 2\dot{r}\dot{\theta} + r\ddot{\theta}$ 。 由牛顿第二定律得

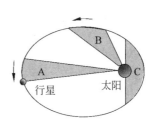

图 3.7 开普勒行星运动三大定律

$$F_r \mathrm{e}^{\mathrm{i}\theta} + F_\theta (\mathrm{i}\mathrm{e}^{\mathrm{i}\theta}) = F = m\ddot{z} = ma_r \mathrm{e}^{\mathrm{i}\theta} + ma_\theta (\mathrm{i}\mathrm{e}^{\mathrm{i}\theta})$$

即

$$F_r = ma_r = m(\ddot{r} - r\dot{\theta}^2), \quad F_\theta = ma_\theta = m(2\dot{r}\dot{\theta} + r\ddot{\theta}) \tag{3.7}$$

另一方面,行星扫过的面积速度为

$$\frac{\mathrm{d}A}{\mathrm{d}t} = \lim_{\Delta t \to 0} \frac{\Delta A}{\Delta t} = \lim_{\Delta t \to 0} \frac{\frac{1}{2}r^2 \Delta \theta}{\Delta t} = \lim_{\Delta t \to 0} \frac{\frac{1}{2}r^2(\theta(t+\Delta t) - \theta(t))}{\Delta t} = \frac{1}{2}r^2\dot{\theta} \tag{3.8}$$

现在考虑引力问题,因为

$$F = F_r \mathrm{e}^{\mathrm{i}\theta} + F_\theta (\mathrm{i}\mathrm{e}^{\mathrm{i}\theta}) = -\frac{GMm}{r^2}\mathrm{e}^{\mathrm{i}\theta}$$

故 $-\dfrac{GM}{r^2} = \ddot{r} - r\dot{\theta}^2, \dfrac{\mathrm{d}}{\mathrm{d}t}(r^2\dot{\theta}) = r(2\dot{r}\dot{\theta} + r\ddot{\theta}) = 0$,由第一式可以积分求得

$$r = \frac{p}{1 + \varepsilon \cos\theta} \quad (p \text{ 为常数},\varepsilon \text{ 为椭圆的离心率}) \tag{3.9}$$

此为**开普勒行星第一定律**:行星都沿各自的椭圆轨道环绕太阳运动,而太阳则处在椭圆的一个焦点中。

由式(3.8)及 $2\dot{r}\dot{\theta} + r\ddot{\theta} = 0$,得

$$\frac{\mathrm{d}A}{\mathrm{d}t} = \frac{1}{2}r^2\dot{\theta} = \frac{1}{2}h \quad (h \text{ 为常数}) \tag{3.10}$$

此为**开普勒行星第二定律**:在相等时间内,太阳和运动中行星的连线(向量半径)扫过的面积都相等。

由第一定律和第二定律,结合 $\dfrac{1}{2}hT = \pi ab$,可得

$$T^2 = \left(\frac{2\pi ab}{h}\right)^2 = \frac{4\pi^2}{GM}a^3 \tag{3.11}$$

此为**开普勒行星第三定律**:绕以太阳为焦点的椭圆轨道运行的所有行星,其椭圆轨道半长轴的立方与周期的平方之比是一个常量。

3.3   欧几里得的遗产——非欧几何与公理化

3.3.1   欧几里得第五公设

《几何原本》出现以后,数学家们发现其中的第五公设与前四个公设比较起来,显得文字叙述冗长,而且也不那么显而易见。还注意到欧几里得在《几何原本》一书中直到第二十九个命题中才用到第五公设,而且以后再也没有直接使用。因此一些数学家提出,第五公设能不能不作为公设? 能不能依靠前四个公设来证明? 这就是几何发展史上最著名的、争论了 2000 多年的"欧几里得第五公设"问题。

由于证明第五公设始终得不到解决,人们逐渐怀疑第五公设到底能不能被证明? 为了简单起见,1795 年,苏格兰数学家 W.普莱费尔(W. Playfair)把第五公设表述成如下等价的形式——**平行公设**:给定一条直线,过此直线外的任何一点,有且只有一条直线与之平行。

3.3.2   几何学中的哥白尼——罗巴切夫斯基

19 世纪 20 年代,俄国喀山大学教授 N.I.罗巴切夫斯基(N. I. Lobachevsky)在证明第五公设的过程中,走了另外一条路,提出了一个和欧几里得平行公设相矛盾的命题"过直线之外的一点至少有两条直线和已知直线平行",用它代替第五公设后与欧氏几何的前四个公设结合成一个公理系统,进而展开一系列的推理(图 3.8)。

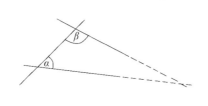

图 3.8   欧几里得第五公设与罗巴切夫斯基

罗巴切夫斯基原认为如果以这个公理系统为基础的推理中出现矛盾,就等于证明了第五公设。但他在极为细致深入的推理过程中,得出了一个又一个在直觉上匪夷所思,但在逻辑上却毫无矛盾的命题,以至于罗巴切夫斯基最终得出了如下两个重要的结论:

(1) 第五公设不能被证明;

（2）在新的公理体系中展开推理，得到一系列在逻辑上无矛盾的新定理，形成了一套新的理论，该理论像欧氏几何一样是完善的、严密的几何学。

这种几何学后来被称为罗巴切夫斯基几何，简称罗氏几何，这是第一个被提出的非欧几何学（表 3.1）。从罗巴切夫斯基创立的非欧几何学中，可以得出一个极为重要、具有普遍意义的结论：逻辑上互不矛盾的一组假设都有可能提供一种几何学。

表 3.1　欧氏几何与罗氏几何的比较

欧氏几何	罗氏几何
同一直线的垂线和斜线相交	同一直线的垂线和斜线不一定相交
垂直于同一直线的两条直线互相平行	垂直于同一直线的两条直线，当两端延长的时候，离散到无穷
存在相似的多边形	不存在相似的多边形
过不在同一直线上的三点可以做且仅能做个圆	过不在同一直线上的三点不一定能做个圆

3.3.3　黎氏几何与黎曼几何

黎氏几何是德国数学家 B.黎曼（B. Riemann）创立的，他采用另一条新公设"过直线外一点所作的任何直线都与该直线相交"来取代第五公设，明确地提出了另一种非欧几何学的存在，开创了几何学研究的新领域。黎氏几何否认平行线的存在。黎氏几何的另一条公设是：直线可以无限延长，但总长度是有限的。人们最初对此无法理解，后来发现，黎氏几何的模型是一个经过适当"改进"的球面。

1854 年，黎曼在哥廷根大学发表了题为《论作为几何基础的假设》的就职演讲，标志着黎曼几何的诞生。在此演讲中，黎曼以高斯关于曲面的"内蕴微分几何"为基础，把欧氏几何、罗氏几何和黎氏几何（图 3.9）统一起来，统称为黎曼几何。

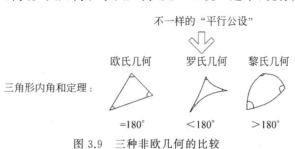

图 3.9　三种非欧几何的比较

在黎曼几何中，最重要的一种对象是所谓的常曲率空间，对于三维空间有以下三种情形：

（1）黎曼曲率恒等于零，对应于欧氏几何；

（2）黎曼曲率为负常数，对应于罗氏几何；

（3）黎曼曲率为正常数，对应于黎氏几何。

3.3.4   希尔伯特的公理化运动

欧几里得在《几何原本》中所使用的公理化方法后来成为建立理论体系的典范，按照欧氏几何学的体系，所有的定理都是从一些确定的、不证自明的基本命题（即公理）演绎出来的。在这种演绎推理中，对定理的证明必须或者以公理为前提，或者以先前已被证明的定理为前提，最后做出结论。这种公理化系统对后世产生了深远的影响，包括牛顿的《自然哲学的数学原理》在内的一大批科学著作都遵循着欧几里得的公理化方法（图 3.10）。

图 3.10   希尔伯特、哥德尔、吴文俊（从左至右）

1899 年，德国数学家希尔伯特出版了公理化思想的代表之作《几何基础》，书中把欧几里得几何学加以整理，成为建立在一组简单公理上的纯粹演绎系统，并开始探讨公理之间的相互关系与整个演绎系统的逻辑结构。公理是对基本概念相互关系的规定，因此必须是必要且合理的，一个严格完善的公理系统，对于公理的选择要具备如下三个基本要求。

（1）**相容性**：指在一个公理系统中，不允许同时能证明某一定理及其否定理。

（2）**独立性**：指在一个公理系统中的每一条公理都独立存在，不允许有一条公理能用其他公理将其推导出来。

（3）**完备性**：要求从公理系统中能推出所研究数学分支的全部命题。

经过多年酝酿，希尔伯特于 20 世纪 20 年代初，提出了论证数论、集合论或数学分析的一致性的方案。他建议从若干公理出发将数学形式化为符号语言系统，并从不假定实无穷的有穷观点出发，建立相应的逻辑系统，进而研究这个形式语言系统的逻辑性质，从而创立了元数学和证明论，这就是轰轰烈烈的公理化运动。

1931 年，美籍奥地利数学家 K.哥德尔（K. Gödel）证明了形式数论（即算术逻辑）系统的"不完全性定理"，这个定理表明即使把初等数论形式化之后，在这个形式的演绎系统中也总可以找出一个合理的命题,在该系统中既无法证真,也无法证伪。因此,不完全性定理说明希尔伯特的公理化方案是不可能实现的。

值得指出的是,在机器证明领域,20 世纪 70 年代以来,由我国著名数学家吴文俊先生倡导的关于"数学机械化"的研究,取得了杰出的成就。所谓数学问题的机械化,是要求在运算或证明过程中,每前进一步之后,都有一个确定的、必须选择的下一步,这样沿着一条有规律的、刻板的道路,一直达到结论。这一思想来源于中国古代的传统数学,由于计算机的出现而呈现出旺盛的生命力。

3.4 埃尔朗根纲领——几何学之大成

F.C.克莱因(F. C. Klein)是近代德国数学家,在埃尔朗根、慕尼黑和莱比锡当过教授,最后到哥廷根大学教授数学。他主要的研究领域是非欧几何、群论和函数论。

1872 年,克莱因在就任埃尔朗根大学教授职位时,做了题为《关于近代几何研究的比较考察》的演讲,论述了变换群在几何学中的主导作用,把到当时为止已发现的所有几何统一在变换群观点之下,明确给出了几何学的一个新定义:研究在某个变换群之下不变性质的学科(图 3.11)。克莱因突出了变换群在研讨几何中的地位,这种观点后来被称为"埃尔朗根纲领"。

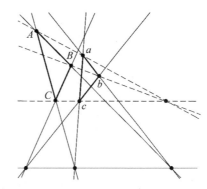

图 3.11 克莱因与几何变换

埃尔朗根纲领的主要内容如下。

(1)几何变换:给定任意几何对象的集合 M,称为空间。把 M 中的每个几何对象变到另一个几何对象上的过程,称为空间 M 上的一个几何变换。

(2)不变量:空间 M 中图形的等价性质称为几何性质或不变性质,把在某一群 G 中一切变换下保持不变的量称为从属于 G 的不变量,研究从属于 G 的不变量的几何称为从属于 G 的几何。例如,研究从属于刚体变换群的几何就是欧氏几何,研究从属于仿射变换群的几何就是仿射几何,研究从属于射影变换群的几何就是射影几何等。

（3）几何：定义为研究某个变换群之下的不变性质的理论。

3.5 广义相对论——黎曼几何的功绩

3.5.1 黎曼及其数学贡献

黎曼是19世纪德国数学家、物理学家,对数学分析和微分几何做出了许多重要贡献。

（1）论证了复变函数可导的必要充分条件(即柯西-黎曼方程)：$\dfrac{\partial u}{\partial x}=\dfrac{\partial v}{\partial y}$, $\dfrac{\partial u}{\partial y}=-\dfrac{\partial v}{\partial x}$。借助狄利克雷原理阐述了黎曼映射定理,成为函数几何理论的基础。

例：多值函数 $\sqrt[n]{z}$ 的黎曼曲面(图3.12)。

设 $w=\sqrt[n]{z}$,因此 $z=w^n$,如果设 $z=re^{i\theta}$,$w=\rho e^{i\varphi}$,则 $z=w^n=\rho^n e^{in\varphi}$,因此 $r=\rho^n$,$\theta=n\varphi+2k\pi$,$k=0,1,\cdots,n-1$,即

$$w=\sqrt[n]{z}=\sqrt[n]{|z|}\,e^{i\frac{\arg z+2k\pi}{n}},\quad k=0,1,\cdots,n-1 \tag{3.12}$$

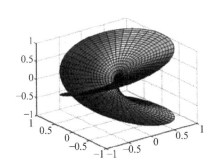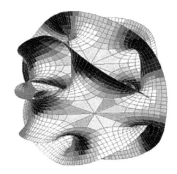

图3.12 黎曼曲面与流形

（2）定义了黎曼积分并研究了三角级数收敛的准则。

（3）1854年,在题为《论作为几何基础的假设》的演讲中,发扬了高斯关于曲面的"内蕴微分几何"研究,提出用流形的概念理解空间,用微分弧长度的平方所确定的正定二次型

$$ds^2=\sum_{i=1}^{n}\sum_{j=1}^{n}g_{ij}dx_idx_j \tag{3.13}$$

理解度量,建立了黎曼几何,不但把欧氏几何、罗氏几何与黎氏几何都纳入了他的

体系之中,还为爱因斯坦的广义相对论提供了数学基础。

（4）黎曼猜想（黎曼假设）：黎曼 Zeta 函数 $\zeta(s) = \sum\limits_{n=1}^{\infty} \dfrac{1}{n^s}$ 经解析延拓后的所有

非平凡零点都位于复平面上 $\mathrm{Re}(s) = \dfrac{1}{2}$ 的直线上。近年来,荷兰三位数学家利用

电子计算机检验黎曼假设,对最初的 2 亿个黎曼 Zeta 函数的零点检验,证明黎曼假设都是对的。

3.5.2 黎曼几何与广义相对论

黎曼几何在广义相对论中得到了重要的应用。在广义相对论里,爱因斯坦放弃了关于时空均匀性的观念,认为时空只是在充分小的空间里以一种近似性而均匀的,但整个时空却是不均匀的。这种物理学解释,恰恰与黎曼几何的观念相似,因此广义相对论中空间的几何就是黎曼几何。

广义相对论的雏形,可以追溯至爱因斯坦 1905 年发表的一篇探讨光线在狭义相对论中受重力和加速度影响的论文。1912 年,爱因斯坦在另外一篇论文中,开始探讨如何将引力场用几何语言来描述,即引力场的几何化,所用的数学语言就是伪黎曼几何。1915 年,爱因斯坦发表了著名的引力场方程,建立起了完整的广义相对论体系（图 3.13）。

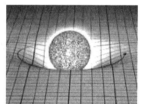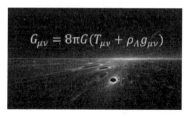

图 3.13 爱因斯坦与广义相对论

1915 年后,广义相对论的研究集中在解引力场方程及寻求理论的实验与观测。由于场方程式是一组非线性偏微分方程,求解非常困难,最著名的有三个解:史瓦西解、雷斯勒-诺斯特朗姆解、克尔解。

在广义相对论的实验验证上,有如下著名的三大验证。

（1）在水星近日点的进动中,每百年 $43''$ 的剩余进动长期无法解释,广义相对论给出了完满的解释。

（2）光线在引力场中的弯曲,广义相对论的计算结果比牛顿理论正好大了 1 倍,英国的 A.S.爱丁顿（A. S. Eddington）和 F.W.戴森（F. W. Dyson）的观测队利用日全食进行观测的结果,证实了广义相对论是正确的。

（3）引力红移,按照广义相对论在引力场中的时钟要变慢,因此从恒星表面射

到地球上的光线,其光谱线会发生红移,在很高精度上得到了证实。

3.5.3　宇宙膨胀

从 1922 年开始,研究者们发现引力场方程所得出的解会是一个膨胀中的宇宙,而爱因斯坦不相信宇宙会发生涨缩,所以他便在场方程式中加入了一个宇宙常数来使场方程可以解出一个稳定宇宙的解。而在 1929 年,美国天文学家 E.P.哈勃(E. P. Hubble)发现了宇宙确实是在膨胀的,这个实验结果使得爱因斯坦放弃了宇宙常数,并宣称"这是我一生最大的错误"。

哈勃的宇宙膨胀理论引出了现代宇宙学中最有影响的"大爆炸宇宙论",该理论认为:宇宙是由一个致密炽热的奇点于 138 亿年前的一次大爆炸后膨胀形成的(图 3.14)。同时,根据最近对于超新星的观察,宇宙膨胀正在加速。这说明爱因斯坦的宇宙常数似乎有再度复活的可能性,宇宙中存在的暗能量可能就必须用宇宙常数来解释。

图 3.14　哈勃与大爆炸宇宙论

3.6　流形——数学的新宠儿

3.6.1　布尔巴基的"结构数学"

20 世纪,法国著名的 N.布尔巴基(N. Bourbaki)学派在集合论的基础上用公理化的方法重新构造整个现代数学。布尔巴基学派认为:数学,至少纯粹数学,是研究抽象结构的理论,是按照不同结构进行演绎的体系。基本的数学结构有三种:**代数结构**、**拓扑结构**、**序结构**。而数学对象=集合+数学结构。例如:

(1)拓扑空间=集合+拓扑结构;

(2)线性空间=集合+线性结构;

(3)赋范空间=线性空间+范数结构;

(4)内积空间=线性空间+内积结构;

(5) 微分流形＝拓扑空间＋微分结构。

3.6.2 流形

本节的符号和概念需要参考《微分几何》等专业教材。

(1) 拓扑流形(局部欧氏空间)：(M^n,τ) 是 Hausdorff 空间,若 M^n 有开覆盖 $\{O_a\}$ 满足：对任意 $\{O_a\}$,都存在同胚 $\psi_a:O_a \to V_a \subset \mathbb{R}^n$,称 M^n 是一个 n 维拓扑流形。

(2) 微分流形＝拓扑流形＋微分结构：M^n 是一个 n 维拓扑流形,满足：若 $O_a \bigcap O_\beta \neq \varnothing$,则复合映射 $\psi_\beta \circ \psi_a^{-1}:\psi_a(O_a \bigcap O_\beta) \to \psi_\beta(O_a \bigcap O_\beta)$ 是 C^∞ 光滑的,则称 M^n 是一个 n 维微分流形。

在同一拓扑流形上可以具有本质上不同的微分结构(图 3.15)。

图 3.15 流形

(1) J.米尔诺(J. Milnor)首先发现 7 维球面作为一个拓扑流形,可有不同于标准微分结构的怪异微分结构(米尔诺怪球)。

(2) M.弗里德曼(M. Freedman)和 S.唐纳森(S. Donaldson)等发现 4 维欧氏空间上也有多种微分结构,这与其他维数的欧氏空间只有唯一的微分结构有着巨大差别。

3.6.3 最后一位数学全才——庞加莱

J.H.庞加莱(J. H. Poincaré)是近代法国数学家,研究领域涉及数论、代数学、几何学、拓扑学、天体力学、数学物理、多复变函数论、科学哲学等。他被公认是最后一位数学全才,其杰出工作对当今数学有极其深远的影响(图 3.16)。

1904 年,庞加莱在建立代数拓扑学的过程中,提出了如下著名的猜想(**庞加莱猜想**)：如果一个三维闭流形 M^3 的基本群 $\pi_1(M^3)=0$,则 M^3 同胚于一个三维球面 S^3。 等价表述为：单连通的三维闭流形 M^3 同胚于一个三维球面 S^3。

庞加莱猜想提出后,立刻成为数学家研究的热点问题,并被推广到了如下的**广义庞加莱猜想**：每个闭 n 维流形,若与 n 维球面 S^n 具有相同的同伦型,则同胚于 S^n。 这对理解流形的几何结构产生了巨大的推动作用,与庞加莱猜想有关的菲尔

图 3.16   庞加莱(左)与佩雷尔曼(右)

兹奖得主如下:

(1) 1966 年,S.斯梅尔(S. Smale),获奖理由:证明了广义庞加莱猜想以及微分动力系统理论的贡献。

(2) 1986 年,弗里德曼,获奖理由:对拓扑学做出杰出贡献,特别是证明了 4 维流形拓扑的庞加莱猜想。

(3) 2006 年,G.佩雷尔曼(G. Perelman)(图 3.16),获奖理由:在几何学以及对瑞奇流中的分析与几何结构的革命性贡献,特别是证明了庞加莱猜想。

在代数拓扑领域,比庞加莱猜想更广和更深刻的是 1982 年菲尔兹奖的获得者、美国数学家 W.瑟斯顿(W. Thurston)的几何化猜想。

(1) 三维闭流形可分解为素流形的连通和,且分解唯一;

(2) 素流形上只容许 8 种最基本的几何结构:

① 标准球面 S^3,具有常曲率$+1$;

② 欧氏空间$\mathbb{R}^3$,具有常曲率 0;

③ 双曲空间 H^3,具有常曲率-1;

④ $S^2 \times S^1$;

⑤ $H^2 \times S^1$;

⑥ 特殊线性群 $SL(2,\mathbb{R})$ 上左不变黎曼度量;

⑦ 幂零几何;

⑧ 可解几何。

参考题

1. 梳理《几何原本》对后世的影响。

2. 证明婆罗摩笈多公式:边长为 a,b,c,d 的圆内接四边形的面积公式

$$S = \sqrt{(p-a)(p-b)(p-c)(p-d)} \tag{3.14}$$

其中 $p = \dfrac{a+b+c+d}{2}$。（参看"扩展阅读——唯美的几何学"）

3. 证明：连通图中的奇数点的个数为偶数。（参看"扩展阅读——唯美的几何学"2）

4. 如何判断一个图能否一笔画成？（参看"扩展阅读——唯美的几何学"）

5. 根据开普勒行星三大定律，利用微积分和牛顿三大定律推导万有引力定律。

6. 数学与物理学在科学史上是如何互相影响、彼此促进的？

扩展阅读——唯美的几何学

1. 婆罗摩笈多公式

边长为 a,b,c,d 的圆内接四边形的面积公式

$$S = \sqrt{(p-a)(p-b)(p-c)(p-d)}$$

其中，$p = \dfrac{a+b+c+d}{2}$。

证明：由余弦定理以及圆内接四边形对角互补的性质可知

$$a^2 + d^2 - 2ad\cos A = BD^2 = b^2 + c^2 - 2bc\cos(\pi - A) = b^2 + c^2 + 2bc\cos A$$

因此 $\cos A = \dfrac{a^2 + d^2 - b^2 - c^2}{2(ad+bc)}$，则

$$S_{四边形ABCD} = S_{\triangle ABD} + S_{\triangle BCD} = \frac{1}{2}ad\sin A + \frac{1}{2}bc\sin(\pi - A)$$

$$= \frac{1}{2}ad\sin A + \frac{1}{2}bc\sin A = \frac{1}{2}(ad+bc)\sqrt{1-\cos^2 A}$$

$$= \frac{1}{2}(ad+bc)\sqrt{1 - \left(\frac{a^2+d^2-b^2-c^2}{2(ad+bc)}\right)^2}$$

$$= \frac{1}{4}\sqrt{4(ad+bc)^2 - (a^2+d^2-b^2-c^2)^2}$$

$$= \frac{1}{4}\sqrt{(2(ad+bc)+a^2+d^2-b^2-c^2)(2(ad+bc)-a^2-d^2+b^2+c^2)}$$

$$= \frac{1}{4}\sqrt{((a+d)^2-(b-c)^2)((b+c)^2-(a-d)^2)}$$

$$= \sqrt{\frac{a+b-c+d}{2}\,\frac{a-b+c+d}{2}\,\frac{a+b+c-d}{2}\,\frac{b+c+d-a}{2}}$$

$$= \sqrt{(p-a)(p-b)(p-c)(p-d)}.$$

2. 一笔画问题(参看 1.5 节)

关于图形的一笔画问题,有如下结论:

(1) 由偶点(进出该点处的线的总条数为偶数)组成的连通图,一定可以一笔画,画时可以令任一偶点为起点,最终会以此点为终点画完。

(2) 只有两个奇点(进出该点处的线的总条数为奇数)的连通图(其余都为偶点),也可以一笔画,画时必须令一个奇点为起点,另一个奇点为终点。

(3) 其他情况的图都不能一笔画(奇点数除以 2 可算出此图需几笔画成)。

因此"七桥问题"中的 4 个点全是奇点,不能一笔画,即不可能不重复地通过七座桥。

下面证明连通图中的奇数点的个数为偶数。

证明:设奇数点为 $U_i(1 \leqslant i \leqslant m)$,其连接的边数为 d_{U_i},偶数点为 $V_j(1 \leqslant j \leqslant n)$,其连接的边数为 d_{V_j},将其求和可知每条边被计算了两次,设连通图中的总边数为 d,则

$$\sum_{i=1}^{m} d_{U_i} + \sum_{j=1}^{n} d_{V_j} = 2d$$

因为 $\sum_{j=1}^{n} d_{V_j}$ 为偶数,所以 $\sum_{i=1}^{m} d_{U_i}$ 为偶数,这说明求和的项必有偶数项,即奇数点的个数为偶数。

3. 20 世纪数学家排名

根据 20 世纪法国著名数学家迪厄多内的《纯粹数学全貌》、日本出版的《岩波数学辞典》,以及苏联出版的《数学百科全书》,综合量化分析得出如下的 20 世纪数学家排名。

(1) A. N. 柯尔莫哥洛夫(A. N. Kolmogorov,俄,1903—1987);

(2) H.庞加莱(H. Poincare,法,1854—1912);

(3) D.希尔伯特(D. Hilbert,德,1862—1943);

(4) A.E.诺特(A. E. Nother,德,1882—1935);

(5) 冯·诺依曼(von Neumann,匈-美,1903—1957);

(6) H.外尔(H. Weyl,德,1885—1955);

(7) A.韦依(A. Weil,法,1906—1998);

(8) I.M.盖尔范德(I. M. Gelfand,乌,1913—2009);

(9) N.维纳(N.Wiener,美,1894—1964);

(10) P.S.亚历山德罗夫(P. S. Alexandrov,俄,1896—1982)。

其中,进入前 100 名的中国数学家有:(31)陈省身,(90)华罗庚。进入前 200 名的中国数学家还包括:冯康、吴文俊、周炜良、丘成桐、萧荫堂。

4. 十大物理学家

2000 年,英国《物理世界》杂志评选出了人类有史以来 10 位最伟大的物理学家。

(1) A.爱因斯坦(A. Einstein,德-美,1879—1955);

(2) I.牛顿(I. Newton,英,1642—1727);

(3) J.C.麦克斯韦(J. C. Maxwell,英,1831—1879);

(4) N.H.D.玻尔(N. H. D. Bohr,丹麦,1885—1962);

(5) W.海森堡(W. Heisenberg,德,1901—1976);

(6) G.伽利略(G. Galileo,意,1564—1642);

(7) R.P.费曼(R. P. Feynman,美,1918—1988);

(8) P.A.M.狄拉克(P. A. M. Dirac,英,1902—1984);

(9) E.薛定谔(E. Schrödinger,奥,1887—1961);

(10) E.卢瑟福(E. Rutherford,英,1871—1937)。

第 4 章

从"牛顿第二定律"谈起——上帝创造世界的方程

1687 年,牛顿在《自然哲学的数学原理》一书中提出三条定律,其中牛顿第二定律是利用微分方程表述的。微分方程历史悠久,来源广泛,是表述自然法则的语言。物理学家杨振宁先生认为以牛顿、爱因斯坦等人提出的数个方程式,就能精准描述"空间大至星云、小至粒子,时间长至百亿年、小至飞秒"的宇宙,可谓造物者的诗篇。

4.1 牛顿运动定律——微分方程的起点

4.1.1 牛顿运动定律

牛顿第一定律:每个物体保持它原来的静止状态或匀速直线运动状态不变,除非由作用于它的力迫使它改变这种状态。

牛顿第二定律:运动的(量的)改变与施加的动力成正比,并且是朝着力所作用的直线方向改变。

牛顿第三定律:每一个作用总是引起一个相等的反作用。

上述三条定律说明了力的含义、作用效果以及本质,是牛顿力学的基本定律。

牛顿第二定律现在通常表述为 $F = ma$,这是一个向量形式的公式,在讨论天文学问题时,m 是运动物体的质量,F 是吸引力,这个公式表示 F 的每个分量在该分量的方向上产生一个加速度。

欧拉在 1750 年给出了牛顿第二定律的分析形式

$$f_x = m \frac{\mathrm{d}^2 x}{\mathrm{d} t^2}, \quad f_y = m \frac{\mathrm{d}^2 y}{\mathrm{d} t^2}, \quad f_z = m \frac{\mathrm{d}^2 z}{\mathrm{d} t^2} \tag{4.1}$$

其中采用了固定的直角坐标系。

假设一个质量为 M 的物体固定于原点,另一个质量为 m 的运动物体位于点 (x, y, z),于是根据万有引力定律,沿坐标轴方向的引力分量为

$$f_x = -\frac{GMmx}{r^3}, \quad f_y = -\frac{GMmy}{r^3}, \quad f_z = -\frac{GMmz}{r^3} \tag{4.2}$$

式中 G 是引力常数,$r = \sqrt{x^2 + y^2 + z^2}$。

可以证明,运动物体保持在一个平面内,再联立式(4.1)和式(4.2),得到

$$\frac{d^2 x}{dt^2} = -\frac{GMx}{r^3}, \quad \frac{d^2 y}{dt^2} = -\frac{GMy}{r^3} \tag{4.3}$$

引入极坐标变换,上述方程化为

$$\frac{d^2 r}{dt^2} - r\left(\frac{d\theta}{dt}\right)^2 = -\frac{GM}{r^2}, \quad r\frac{d^2\theta}{dt^2} + 2\frac{dr}{dt}\frac{d\theta}{dt} = 0 \tag{4.4}$$

具体求解式(4.4),可以得到运动物体的轨迹是一条以第一个固定物体为焦点的圆锥曲线。

式(4.1)、式(4.3)、式(4.4)均是常微分方程。牛顿第二定律从理论上得到了行星的运动规律。19 世纪法国天文学家 U.L.勒威耶(U. L. Verrier)利用常微分方程的计算结果,成功地发现了海王星。

4.1.2 常微分方程和偏微分方程

1. 常微分方程

包含未知函数和它的导数的等式称为常微分方程。常微分方程和微积分几乎同时产生,其理论的形成和发展是与力学、天文学、物理学及其他自然科学相互推动的结果。常微分方程理论的发展大致可分为四个重要时期。

(1) 通解研究的经典时期

17 世纪到 18 世纪是常微分方程发展的经典理论时期,以求通解为主要研究内容。

牛顿和莱布尼茨在建立微积分学基本定理时,实际上是解决了最简单的微分方程 $\frac{dy}{dx} = f(x)$ 的求解问题。此外,牛顿、莱布尼茨也都用无穷级数和待定系数法解出了某些初等微分方程。最早用分离变量法求解微分方程的是莱布尼茨,他用这种方法解决了形如 $y\frac{dx}{dy} = f(x)g(y)$ 的方程。因为只要把它写成 $\frac{dx}{f(x)} = g(y)\frac{dy}{y}$,就能在两边进行积分,但莱布尼茨没有建立一般的方法。1691 年,他又解出了一阶齐次方程 $\frac{dy}{dx} = f\left(\frac{y}{x}\right)$,令 $y = ux$,代入方程就可以使之变量分离。

1693 年,荷兰数学家 C.惠更斯(C. Huyghens)在《教师学报》中明确提到了微分方程,而莱布尼茨同年在同一杂志的另一篇文章中,给出了一阶线性方程

$$\frac{\mathrm{d}y}{\mathrm{d}x} = p(x)y + q(x)$$

的通解表达式

$$y = \mathrm{e}^{\int p(x)\mathrm{d}x}\left(\int q(x)\mathrm{e}^{-\int p(x)\mathrm{d}x}\,\mathrm{d}x + C\right)$$

式中 C 为任意常数。

1740 年,欧拉用自变量代换 $x = \mathrm{e}^t$,把欧拉方程

$$a_0 x^n y^{(n)} + a_1 x^{n-1} y^{(n-1)} + \cdots + a_{n-1}xy' + a_n y = 0$$

化为常系数线性微分方程而求得其通解,其中 $a_i, i = 1,2,\cdots,n$ 是常数。

通解与特解的概念是 1743 年欧拉定义的,同时欧拉还给出恰当方程的解法和常系数线性齐次方程的特征根解法。

1694 年,J.伯努利(J. Bernoulli)在《教师学报》上对分离变量法与齐次方程的求解法做了更加完整的说明。1695 年,J.伯努利(J. Bernoulli)提出伯努利方程 $\frac{\mathrm{d}y}{\mathrm{d}x} = p(x)y^n + q(x)y$。1696 年,莱布尼茨证明:利用变量替换 $z = y^{1-n}$ 可以将方程化为关于未知函数 z 的线性方程。

(2) 定解问题的适定性理论研究时期

1685 年,莱布尼茨向数学界提出求解方程 $\frac{\mathrm{d}y}{\mathrm{d}x} = x^2 + y^2$(黎卡提方程的特例)的通解问题。这个方程形式虽然简单,但经过几代数学家的研究仍无法得出其解。

150 多年后,1841 年,法国数学家 J.刘维尔(J.Liouville)证明了黎卡提方程(意大利数学家 J.F.黎卡提(J. F. Riccati)1724 年提出)

$$\frac{\mathrm{d}y}{\mathrm{d}x} = p(x)y^2 + q(x)y + r(x)$$

的解,一般不能通过初等函数的积分来表达。这说明:不是什么方程的通解都可以用积分手段求出的。从此人们由求通解时期转向研究常微分方程定解问题的适定性理论研究时期。

一个常微分方程初值问题(即柯西问题)$\frac{\mathrm{d}y}{\mathrm{d}x} = f(x,y)$,$y(x_0) = y_0$ 是否有解?如果有,有几个?这是微分方程中的一个基本问题,数学家把它归纳成基本定理——微分方程解的存在唯一性定理。因为如果没有解,而我们要去求解,那是没有意义的;如果有解而又不是唯一的,那又不好确定。因此,存在唯一性定理对于微分方程的求解是十分重要的。

19 世纪 20 年代,柯西建立了该问题解的存在唯一性定理。1873 年,德国数学家 R.李普希兹(R. Lipschitz)提出著名的"李普希兹条件",对柯西的存在唯一性定理作了改进。在适定性的研究中,意大利数学家 G.佩亚诺(G. Peano)和法国数学

家 C.E.毕卡(C. E. Picard)先后于 1875 年和 1876 年给出常微分方程的逐次逼近法,皮亚诺在仅要求 $f(x,y)$ 在点 (x_0,y_0) 邻域内连续的条件下证明了柯西问题解的存在性。

微分方程适定性基本理论包括:解的存在唯一性,解的延拓,解的整体存在性,解对初值和参数的连续依赖性、可微性、奇解等。

(3) **解析理论研究时期**

19 世纪是常微分方程发展的解析理论研究时期,这一时期的主要成果是运用幂级数和广义幂级数解法,求出一些重要的二阶线性微分方程的级数解,并得到一些重要的特殊函数。

1816 年,德国天文学家 F.W.贝塞尔(F. W. Bessel)研究行星运动时,开始系统地研究贝塞尔方程

$$x^2 y'' + xy' + (x^2 - a^2)y = 0, \quad 常数 a \geqslant 0$$

得到了此方程的两个基本解(级数解)

$$J_a(x) = \sum_{n=0}^{\infty} \frac{(-1)^n}{n!\,\Gamma(1+a+n)} \left(\frac{x}{2}\right)^{a+2n},$$

$$J_{-a}(x) = \sum_{n=0}^{\infty} \frac{(-1)^n}{n!\,\Gamma(1-a+n)} \left(\frac{x}{2}\right)^{-a+2n}$$

式中 $J_a(x)$,$J_{-a}(x)$ 分别称为第一类贝塞尔函数、第二类贝塞尔函数。人们将初等函数之外的函数称为特殊函数,贝塞尔函数就是重要的特殊函数之一。1818 年,贝塞尔证明了 $J_a(x)$ 有无穷个零点。

后来众多数学家和天文学家得出贝塞尔函数的数以百计的关系式和表达式。1944 年,剑桥大学出版了 G.N.沃森(G.N.Watson)的贝塞尔函数研究的集成巨著《贝塞尔函数教程》。在解析理论研究中,其他数学家也做出了杰出贡献。1784 年,法国数学家 A.M.勒让德(A .M. Legendre)出版代表作《行星外形的研究》,其中考虑了勒让德方程

$$(1 - x^2)y'' - 2xy' + n(n+1)y = 0, \quad n\ 为非负整数$$

给出了幂级数解的形式。法国数学家 C.埃尔米特(C. Hermite)研究

$$y'' - 2xy' + \lambda y = 0, \quad x \in (-\infty, +\infty)$$

得到其幂级数解,当 λ 是非负偶数即为著名的埃尔米特多项式。俄国数学家切比雪夫(Chebyshev)研究了方程 $(1-x^2)y'' - xy' + p^2 y = 0$,$p$ 是常数,得出 $|x| \leqslant 1$ 时的两个线性无关解(基本解),且证明当 p 为非负整数时,此方程有一个解为 n 次多项式,即著名的切比雪夫多项式。

(4) **定性理论研究时期**

1841 年刘维尔证明黎卡提方程不存在初等函数积分表示的解之后,研究方程的方法有了明显变化,数学家们开始从方程本身(不求解)直接讨论解的性质。

1881年起,庞加莱独创出常微分方程的定性理论。为寻找只通过考察微分方程本身就可以回答关于稳定性等问题的方法,他从非线性方程出发,发现微分方程的奇点起关键作用,并把奇点分为四类(焦点、鞍点、结点、中心),讨论了解在各种奇点附近的性状,同时还发现了一些与描述满足微分方程的解曲线有关的重要的闭曲线。

常微分方程的定性理论中另一个重要领域是俄国数学家李雅普诺夫(Lyapunov)创立的运动稳定性理论。1892年,李雅普诺夫的博士论文《关于运动稳定性的一般问题》给出了判定运动稳定性的普遍的数学方法与理论基础。

2. 偏微分方程

微积分对弦的振动等力学问题的应用引出一门新的数学分支——偏微分方程,包含未知函数(未知函数和几个变量有关)偏导数的等式称为偏微分方程。

偏微分方程理论研究一个方程(组)是否存在满足某些条件的解,有多少个解,解的各种性质与求解方法及其应用。

偏微分方程产生于18世纪,欧拉在他的著作中最早提出了弦振动的二阶偏微分方程,随后,法国数学家达朗贝尔也在他的著作《论动力学》中提出了特殊的偏微分方程。1746年,法国数学家达朗贝尔(D'Alembert)在他的论文《张紧的弦振动时形成的曲线的研究》中从对弦振动的研究开创了偏微分方程这门学科。欧拉1766发表的论文中将弦振动方程作了推广,讨论了二维鼓膜的振动和声波的三维传播,分别得到了二维和三维的波动方程,获得了解的初步性质。瑞士数学家D.伯努利(D. Bernoulli)也研究了数学物理方面的问题,提出了解弹性系振动问题的一般方法,对偏微分方程的发展产生了较大的影响。

1772年法国数学家拉格朗日和1819年法国数学家柯西发现可将一阶偏微分方程转化为一阶常微分方程组来求解。

二阶偏微分方程的突破口是弦振动方程。给定一根拉紧的均匀柔软的弦,两端固定在 x 轴的某两点上,考察该弦在平衡位置附近的微小横振动。弦上各点的运动可以用横向位移 $u(x,y)$ 表示,则 $\dfrac{\partial^2 u}{\partial t^2} = a^2 \dfrac{\partial^2 u}{\partial x^2}$,这个方程称为弦振动方程,或一维的波动方程。

另一类重要的二阶偏微分方程是位势方程,是1752年欧拉在研究流体力学时提出的。欧拉证明了对于流体内任一点的速度分量 x,y,z,一定存在函数 $v(x,y,z)$(速度势)满足 $\dfrac{\partial^2 v}{\partial x^2} + \dfrac{\partial^2 v}{\partial y^2} + \dfrac{\partial^2 v}{\partial z^2} = 0$,这就是位势方程。在热传导过程中,当热运动达到平衡状态时,温度 u 也满足上述方程,所以也称它为调和方程。1785年法国数学家P.S.M.德·拉普拉斯(P.S.M. de Laplace)用球调和函数求解,稍后又给出了这一方程的直角坐标形式,现在称这一方程为拉普拉斯方程,属于椭圆型偏微分方程。

对二阶偏微分方程的求解构成了 19 世纪数学家和物理学家关注的中心问题之一。偏微分方程在 19 世纪得到迅速发展,许多数学家都对数学物理问题的解决做出了贡献。法国数学家 B.J.B.J.傅里叶(B. J. B. J. Fourier)在从事热流动的研究中,发表了《热的解析理论》一文,在文章中他提出了三维空间的热方程,对偏微分方程的发展有很大影响。

4.2 麦克斯韦方程组——电与磁的唯美统一

4.2.1 电磁现象

早在古代中国和古希腊,人们就已经发现了电磁现象,并对航海事业产生了巨大影响。最早研究磁现象的是 16 世纪英国物理学家 W.吉尔伯特(W.Gilbert),他发现:地球是一个巨大的磁体,电与磁本质上是不同的,磁极同性相吸、异性相斥。

吉尔伯特的发现使他获得"磁学之父"的美誉,但他的研究是定性的。18 世纪,法国物理学家 C.A.库仑(C. A. Coulomb)引入数学,定量地研究电与磁,1750 年,他发现了磁的平方反比定律

$$F = K_m \frac{p_1 p_2}{r^2}, \quad p_1, p_2 \text{ 是磁极强度}$$

1785 年,建立了静电的平方反比定律(库仑定律)

$$F = K_e \frac{q_1 q_2}{r^2}, \quad q_1, q_2 \text{ 是电荷量}$$

至此,电与磁仍然被认为是本质上不同的现象,彼此没有联系。

1820 年,丹麦科学家 A.M.奥斯特(A. M. Oersted)发现电与磁之间的第一个重要联系:电流周围有磁场存在,即电流有磁效应。其后,法国科学家 A.M.安培(A. M. Ampere)重复了奥斯特的实验,做了进一步的实验和理论研究,发现两个载流导线类似于两个磁体,它们之间确实有相互作用力,由此,安培提出了许多重要概念,并建立了安培环路定律。

奥斯特和安培关于电流磁效应的研究结果,促使科学家开始寻找其逆效应。奥斯特发现的是"电生磁",其逆效应是"磁生电"。1831 年,英国科学家 M.法拉第(M. Faraday)和美国科学家 J.亨利(J. Henry)发现了电磁感应定律。

在英国物理学家 J.C.麦克斯韦(J. C. Maxwell)之前,关于电磁现象的学说都认为带电体、磁体或载流导体之间的相互作用,都可以超越中间媒质而直接进行,并立即完成,即认为电磁扰动的传播速度是无限大。法拉第则持不同意见,主张间递学说,他认为上述这些相互作用与中间媒质有关,是通过中间媒质的传递而进行的。

4.2.2　麦克斯韦方程组

麦克斯韦是 19 世纪英国伟大的理论物理学家,他继承了法拉第的观点,在前人实验结果的基础上,应用严谨的数学形式总结了前人的工作,将电磁场基本定律归结为 4 个方程(常见有积分形式和微分形式的两种表述),即著名的麦克斯韦方程组。他对这组方程进行了分析,预见到电磁波的存在,并且断定电磁波的传播速度为有限值(与光速接近),且光也是某种电磁波。上述这些结果,1865 年发表在论文《电磁场的动力理论》中。

现代所称的麦克斯韦方程组共有 4 个。它们描述了电场强度 $\boldsymbol{E}$、磁感应强度 $\boldsymbol{B}$,以及这两者间的关系,还描述了另外两个量,就是电荷密度 ρ 与传导电流密度 $\boldsymbol{j}$。确切地说,$\boldsymbol{E}$ 是一个向量函数,在每个位置与每个时间点上,会给出在那个位置的一道电流的电力;$\boldsymbol{B}$ 也是一个向量函数,在每个位置与每个时间点上,会给出在那个位置的磁力。

(1) 电学的高斯定律

$$\oiint_{S} \boldsymbol{E} \cdot \mathrm{d}\boldsymbol{S} = \iiint_{V} \frac{\rho}{\varepsilon_0} \mathrm{d}V \tag{4.5}$$

式中,S 为一封闭曲面;V 为 S 所围的立体;ε_0 表示真空中的介电常数。

该定律描述了在一个有限体积内流出的电通量,与此体积中的电荷成正比。其微分形式表述为

$$\nabla \cdot \boldsymbol{E} = \frac{\rho}{\varepsilon_0} \tag{4.5a}$$

其中 $\nabla = \boldsymbol{i} \dfrac{\partial}{\partial x} + \boldsymbol{j} \dfrac{\partial}{\partial y} + \boldsymbol{k} \dfrac{\partial}{\partial z}$ 为哈密顿算子(即梯度)。

(2) 磁学的高斯定律

$$\oiint_{S} \boldsymbol{B} \cdot \mathrm{d}\boldsymbol{S} = 0 \tag{4.6}$$

该定律描述了在一个有限体积中的总磁通量永远为零。其微分形式表述为

$$\nabla \cdot \boldsymbol{B} = 0 \tag{4.6a}$$

(3) 法拉第电磁感应定律

$$\oint_{L} \boldsymbol{E} \cdot \mathrm{d}\boldsymbol{l} = -\iint_{S} \frac{\partial \boldsymbol{B}}{\partial t} \cdot \mathrm{d}\boldsymbol{S} \tag{4.7}$$

该定律描述变化的磁通量会产生涡旋电流。其微分形式表述为

$$\nabla \times \boldsymbol{E} = -\frac{\partial \boldsymbol{B}}{\partial t} \tag{4.7a}$$

（4）**麦克斯韦-安培定律**

$$\oint_L \boldsymbol{B} \cdot \mathrm{d}\boldsymbol{l} = \iint_S \left(\boldsymbol{j} + \frac{\partial \boldsymbol{E}}{\partial t} \right) \cdot \mathrm{d}\boldsymbol{S} \tag{4.8}$$

该定律描述电流或交变电通量会产生磁涡流。其微分形式表述为

$$\nabla \times \boldsymbol{B} = \mu_0 \boldsymbol{j} + \mu_0 \varepsilon_0 \frac{\partial \boldsymbol{E}}{\partial t} \tag{4.8a}$$

式中，μ_0 表示磁导率。

综上，若令 $\boldsymbol{D} = \varepsilon_0 \boldsymbol{E}$，$\boldsymbol{H} = \dfrac{\boldsymbol{B}}{\mu_0}$（前者表示电位移，后者表示磁场强度），则可得如下形式更加简洁的麦克斯韦方程组：

$$\begin{cases} \nabla \cdot \boldsymbol{D} = \rho \\[2mm] \nabla \cdot \boldsymbol{B} = 0 \\[2mm] \nabla \times \boldsymbol{E} = -\dfrac{\partial \boldsymbol{B}}{\partial t} \\[2mm] \nabla \times \boldsymbol{H} = \boldsymbol{j} + \dfrac{\partial \boldsymbol{D}}{\partial t} \end{cases}$$

证明：（1）**库仑定律** $\boldsymbol{F} = \dfrac{Qq\boldsymbol{r}}{4\pi\varepsilon_0 r^3} \rightarrow \nabla \cdot \boldsymbol{E} = \dfrac{\rho}{\varepsilon_0}$。

由物理学中的库仑定律和数学中的高斯公式，可得关于闭合曲面电场强度通量的高斯定理。在点电荷的情况下有 $\boldsymbol{E} = \dfrac{Q\boldsymbol{r}}{4\pi\varepsilon_0 r^3}$，积分得

$$\oiint_S \boldsymbol{E} \cdot \mathrm{d}\boldsymbol{S} = \oiint_S \frac{Q\boldsymbol{r}}{4\pi\varepsilon_0 r^3} \cdot \mathrm{d}\boldsymbol{S} = \oiint_S \frac{Q\,\mathrm{d}S\cos\alpha}{4\pi\varepsilon_0 r^2} = \frac{Q}{4\pi\varepsilon_0} \oiint_S \mathrm{d}\Omega = \frac{Q}{\varepsilon_0}$$

式中，α 为 $\mathrm{d}\boldsymbol{S}$ 与 $\boldsymbol{r}$ 的夹角，此即高斯定理。对于 n 个点电荷的情形，有

$$\oiint_S \boldsymbol{E} \cdot \mathrm{d}\boldsymbol{S} = \frac{1}{\varepsilon_0} \sum_{i=1}^{n} q_i$$

而在连续带电体的情况下，上式可以写为 $\oiint_S \boldsymbol{E} \cdot \mathrm{d}\boldsymbol{S} = \iiint_V \dfrac{\rho}{\varepsilon_0} \mathrm{d}V$（$V$ 为 S 所围的体积），又由高斯公式 $\oiint_S \boldsymbol{E} \cdot \mathrm{d}\boldsymbol{S} = \iiint_V \mathrm{div}\, \boldsymbol{E} \mathrm{d}V$，得 $\nabla \cdot \boldsymbol{E} = \dfrac{\rho}{\varepsilon_0}$。

（2）**毕奥-萨伐尔定律** $\mathrm{d}\boldsymbol{B} = \dfrac{\mu_0 I \mathrm{d}\boldsymbol{l} \times \boldsymbol{r}}{4\pi r^3} \rightarrow \nabla \cdot \boldsymbol{B} = 0$。

在导线电流情形下，由毕奥-萨伐尔定律 $\mathrm{d}\boldsymbol{B} = \dfrac{\mu_0 I \mathrm{d}\boldsymbol{l} \times \boldsymbol{r}}{4\pi r^3}$（$I\mathrm{d}\boldsymbol{l}$ 表示一个电流元），得

$$\oint_L \boldsymbol{B} \cdot \mathrm{d}\boldsymbol{l} = \oint_L \frac{\mu_0 I \boldsymbol{e}_r \cdot \mathrm{d}\boldsymbol{l}}{2\pi r} = \oint_L \frac{\mu_0 I \mathrm{d}l\cos\alpha}{2\pi r} = \frac{\mu_0}{2\pi} \oint_L \mathrm{d}\theta = \mu_0 I。$$

相应的,由毕奥-萨伐尔定律,还可以推出 $\oiint_S \boldsymbol{B} \cdot \mathrm{d}\boldsymbol{S} = 0$,又由高斯公式 $\oiint_S \boldsymbol{B} \cdot \mathrm{d}\boldsymbol{S} = \iiint_V \nabla \cdot \boldsymbol{B} \, \mathrm{d}V$,可得 $\nabla \cdot \boldsymbol{B} = 0$。

(3) **法拉第电磁感应定律** $\varepsilon = -\dfrac{\mathrm{d}\Phi}{\mathrm{d}t} \to \nabla \times \boldsymbol{E} = -\dfrac{\partial \boldsymbol{B}}{\partial t}$。

考查静电场情况下的环路积分,得

$$\oint_L \boldsymbol{E} \cdot \mathrm{d}\boldsymbol{l} = \oint_L \frac{Q\boldsymbol{r} \cdot \mathrm{d}\boldsymbol{l}}{4\pi\varepsilon_0 r^3} = \oint_L \frac{Q\mathrm{d}l\cos\alpha}{4\pi\varepsilon_0 r^2} = -\frac{Q}{4\pi\varepsilon_0}\oint_L \mathrm{d}\left(\frac{1}{r}\right) = 0$$

而在变化电场的情况下,由法拉第电磁感应定律,可得

$$\varepsilon = \oint_L \boldsymbol{E} \cdot \mathrm{d}\boldsymbol{l} = -\frac{\mathrm{d}\Phi}{\mathrm{d}t} = -\frac{\partial}{\partial t}\iint_S \boldsymbol{B} \cdot \mathrm{d}\boldsymbol{S} = \iint_S \left(-\frac{\partial \boldsymbol{B}}{\partial t}\right) \cdot \mathrm{d}\boldsymbol{S}$$

又由斯托克斯公式

$$\oint_L \boldsymbol{E}\mathrm{d}\boldsymbol{l} = \iint_S \mathrm{rot}\,\boldsymbol{E} \cdot \mathrm{d}\boldsymbol{S}$$

得 $\nabla \times \boldsymbol{E} = -\dfrac{\partial \boldsymbol{B}}{\partial t}$。

(4) **引入位移电流密度** $\boldsymbol{J} \to \nabla \times \boldsymbol{B} = \mu_0 \boldsymbol{J} + \mu_0\varepsilon_0 \dfrac{\partial \boldsymbol{E}}{\partial t}$。

在空间电流情形下,由毕奥-萨伐尔定律,得

$$\oint_L \boldsymbol{B} \cdot \mathrm{d}\boldsymbol{l} = \mu_0 I = \mu_0 \iint_S \boldsymbol{J} \cdot \mathrm{d}\boldsymbol{S}$$

式中,L 为任一闭合曲线;I 为通过 L 所围面积的总电流。

又由斯托克斯公式 $\oint_L \boldsymbol{B} \cdot \mathrm{d}\boldsymbol{l} = \iint_S \nabla \times \boldsymbol{B} \cdot \mathrm{d}\boldsymbol{S}$,得

$$\nabla \times \boldsymbol{B} = \mu_0 \boldsymbol{J}$$

由上式可以推导出 $\nabla \cdot \nabla \times \boldsymbol{B} = \mu_0 \nabla \cdot \boldsymbol{J} = 0$。但根据电荷守恒定律,有

$$\iint_S \boldsymbol{J} \cdot \mathrm{d}\boldsymbol{S} = -\frac{\partial}{\partial t}\iiint_V \rho \mathrm{d}V = \iiint_V \nabla \cdot \boldsymbol{J} \, \mathrm{d}V = \iiint_V -\frac{\partial \rho}{\partial t}\mathrm{d}V$$

得 $\nabla \cdot \boldsymbol{J} = -\dfrac{\partial \rho}{\partial t}$ 未必等于零,此为矛盾,要进行修正。因此,麦克斯韦提出了位移电流的概念。

设 $\nabla \times \boldsymbol{B} = \mu_0(\boldsymbol{J} + \boldsymbol{J}_D)$,则 $\nabla \cdot \nabla \times \boldsymbol{B} = \mu_0 \nabla \cdot (\boldsymbol{J} + \boldsymbol{J}_D) = 0$

$$-\frac{\partial \rho}{\partial t} + \nabla \cdot \boldsymbol{J}_D = -\frac{\partial}{\partial t}\nabla(\varepsilon_0 \boldsymbol{E}) + \nabla \cdot \boldsymbol{J}_D = 0$$

即 $\nabla \cdot \left(-\dfrac{\partial}{\partial t}(\varepsilon_0\boldsymbol{E}) + \boldsymbol{J}_D\right) = 0$。因此可取 $\boldsymbol{J}_D = \varepsilon_0 \dfrac{\partial \boldsymbol{E}}{\partial t}$,得到 $\nabla \times \boldsymbol{B} = \mu_0\boldsymbol{J} + \mu_0\varepsilon_0 \dfrac{\partial \boldsymbol{E}}{\partial t}$。

4.2.3　电磁波方程

由麦克斯韦方程组可知,变化的电场可以产生变化的磁场(电生磁),而变化的磁场也可以产生变化的电场(磁生电)。

事实上,由麦克斯韦方程组,理论上也可以推导如下:

$$\nabla \times (\nabla \times \boldsymbol{E}) = -\nabla \times \frac{\partial \boldsymbol{B}}{\partial t} = -\frac{\partial}{\partial t} \left(\mu_0 \boldsymbol{J} + \mu_0 \varepsilon_0 \frac{\partial \boldsymbol{E}}{\partial t} \right) \tag{4.9}$$

由 $a \times b \times c = (a \cdot c)b - (a \cdot b)c$,得

$$式(4.9) 左端 = \nabla(\nabla \cdot \boldsymbol{E}) - (\nabla \cdot \nabla)\boldsymbol{E} = \nabla\frac{\rho}{\varepsilon_0} - \nabla^2 \boldsymbol{E}$$

$$式(4.9) 右端 = -\mu_0 \frac{\partial}{\partial t}\boldsymbol{J} - \mu_0 \varepsilon_0 \frac{\partial^2}{\partial t^2}\boldsymbol{E}$$

在自由空间中,电荷密度和电流密度可以忽略,得到

$$\frac{\partial^2 \boldsymbol{E}}{\partial t^2} = \left(\frac{1}{\sqrt{\mu_0 \varepsilon_0}} \right)^2 \Delta \boldsymbol{E}$$

同理可得

$$\frac{\partial^2 \boldsymbol{B}}{\partial t^2} = \left(\frac{1}{\sqrt{\mu_0 \varepsilon_0}} \right)^2 \Delta \boldsymbol{B}$$

容易看出,这类似于波动方程的形式,故电磁场的传播形成电磁波(图 4.1)。

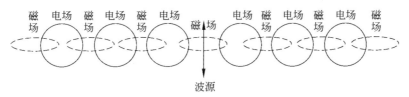

图 4.1　电磁波

基于上述的理论研究,麦克斯韦做出了两项伟大的预言。

(1) **存在电磁波**。1887 年,德国物理学家 H.R.赫兹(H.R.Hertz)经过反复实验,用麦克斯韦的方法,发现了人们怀疑和期待已久的电磁波,证实了麦克斯韦的预言,促使了无线电报和真空管收音机的诞生,对推动今天的通信技术做出了划时代的贡献。1905—1915 年间,爱因斯坦的相对论进一步论证了时间、空间、质量,能量和运动之间的关系,说明电磁场就是物质的一种形式,间递学说得到了公认。

(2) **光波是电磁波**。麦克斯韦联想到磁的平方反比定律 $F = K_m \dfrac{p_1 p_2}{r^2}$ 和静电的平方反比定律 $F = K_e \dfrac{q_1 q_2}{r^2}$ 中的两个常数 K_m 与 K_e 之间应存在某种关系。库

仑的测量结果是

$$K_{\mathrm{m}}=1\times 10^{-7}\,\mathrm{N\cdot s^2/C^2},\quad K_{\mathrm{e}}=9\times 10^{9}\,\mathrm{N\cdot m^2/C^2}$$

这里 m 表示米，s 表示秒。麦克斯韦发现，比值 $\dfrac{K_{\mathrm{e}}}{K_{\mathrm{m}}}$ 的单位是 $\mathrm{m^2/s^2}$。由此，他得到

$$电磁波的速率 = \sqrt{\frac{K_{\mathrm{e}}}{K_{\mathrm{m}}}} = \sqrt{\frac{9\times 10^{9}}{1\times 10^{-7}}}\,\mathrm{m/s} = 3\times 10^{8}\,\mathrm{m/s}$$

这正是光速。这使得麦克斯韦预言：光是一种电磁波，二者的差别仅是波长的不同。

4.2.4　电与磁统一的意义——数学的功绩

麦克斯韦方程组以数学美学中的对称与和谐，直观地揭示了电磁相互作用的完美统一，为物理学家树立了一种信念：物质的各种相互作用在更高层次上应该是统一的。

人们评价麦克斯韦方程组在电磁学中的地位，如同牛顿运动定律在力学中的地位一样。牛顿运动定律能够描述和预测从沙砾到天体的行为，以麦克斯韦方程组为核心的电磁理论能够描述和预测看不见的电子和太阳光，这充分显示了数学的深刻影响力。电流、电磁效应、无线电波、红外线、可见光线、紫外线、X 射线、γ射线，从低频到高频的各种频率的正弦波都可以用统一的数学公式来描述。麦克斯韦的主要功绩是他能够跳出经典力学与经典数学框架的束缚：在物理上以"场"而不是以"力"作为基本的研究对象，在数学上引入了向量偏微分运算符号，这些是发现电磁波方程的基础。

如今，人类视觉、通信、医疗等都大量地运用到电磁辐射，运用的方法都依赖麦克斯韦的理论，这些应用见证了他那 4 个方程的正确性与精确度。电磁理论被广泛地应用到技术领域，是经典物理学最引以为自豪的成就之一。

麦克斯韦方程组同时结合相对论性原理可以得到光在任何参考系中速度都是不变的，而这与伽利略变换所得的结论是矛盾的，由此引发了麦克斯韦方程组的正确性与相对性原理的使用范围的矛盾问题，对这一矛盾的解释促进了相对论的发展。

4.3　三体问题——微分方程定性理论与动力系统

1900 年，在法国巴黎召开了第二届国际数学家大会，希尔伯特（图 4.2）发表了提出 23 个数学问题的著名演讲，其中阐述了他认为完美的数学问题：问题能被简明清楚地表达出来，问题的解决非常之困难以至于必须要创新思想方法。为说明他的观点，希尔伯特举了两个例子：一是费马大定理；二是三体问题。尽管这两个

问题在当时还未被解决,希尔伯特也并没把它们列入 23 个问题。但是在 100 多年后回顾,数学史家认为,这两个问题对于 20 世纪数学的整体发展所起的作用恐怕要比 23 个问题中的任何一个都巨大。

4.3.1 三体问题与微分方程定性理论

1885 年,瑞典《数学学报》有一则引人注意的通告:为庆祝瑞典和挪威国王奥斯卡二世 60 岁的生日,《数学学报》将举办一次数学比赛,悬赏 2500 克朗和一块金牌。比赛的第一个题目就是 N 体问题:在三维空间中给定 N 个质点,如果它们之间只有万有引力作用,那么在给定它们的初始位置和速度的条件下,它们会在空间中作怎样运动?

根据牛顿万有引力定理和牛顿第二定律,N 体问题可以化成二阶常微分方程组。事实上,N 体问题的简单情形,人们之前就已经解决。当 $N=1$ 时,单体问题是个平凡的方程,单个质点的运动轨迹只能是匀速直线运动。当 $N=2$ 时,二体问题就不那么简单了,但是方程组仍然可以化简成一个不太难解的方程,这时两个质点的相对位置始终在一个圆锥曲线上,也就是说如果我们站在其中一个质点上看另一个质点,那么另一个质点的轨道一定是椭圆、抛物线、双曲线的一支或者直线。二体问题又称开普勒问题,是 1710 年被瑞士数学家 J.伯努利首先解决的。

三体问题作为 N 体问题的特例,最简单的例子就是太阳系中太阳、地球、月亮的运动问题。若不计太阳系的其他星球的影响,那么它们的运动就只在引力的作用下,所以它们的运动就是一个三体问题。

这次比赛对于 N 体问题虽然没有完满的答案,但其中一份答卷对于该问题的解决做出了关键性的贡献,答卷人就是法国数学家庞加莱(图 4.2)。庞加莱在读博士期间就开始研究三体问题,从 1881 年到 1886 年,他用同一标题《关于由微分方程确定的曲线的报告》发表了 4 篇论文,他说:"要解答的问题是,动点是否描出一条闭曲线?它是否永远逗留在平面某一部分内部?换句话说,并且用天文学的话来说,我们要问轨道是稳定的还是不稳定的。"从 1881 年起,庞加莱独创出**常微分**

图 4.2 希尔伯特(左)与庞加莱(右)

方程的定性理论,即直接根据微分方程本身的结构和特点来探讨解的性质及微分方程所定义的积分曲线的分布。此后,为了寻找只通过考察微分方程本身就可以回答关于稳定性等问题的方法,他从非线性方程出发,发现微分方程的奇点起关键作用,并把奇点分为 4 类,讨论了解在各种奇点附近的性状,同时还发现了一些与描述满足微分方程的解曲线有关的重要的闭合线,如无接触环、极限环等。

庞加莱被誉为 19 世纪末 20 世纪初世界数学的领袖,是对数学及应用能全面了解并纵观全局的最后一位大师。1905 年,匈牙利科学院颁发 10 000 金克朗的鲍耶奖,以奖励在过去 25 年间为数学发展做出过最大贡献的数学家,庞加莱获奖。J.阿达马(J.Hadamard)评价庞加莱改变整个数学科学的状况,在一切方向上打开了新的道路。

关于三体问题,需要研究较复杂的微分方程解的局部和全局性质,庞加莱最终没有给出一个完整的解答,因为他发现这个系统的演变经常表现为混沌(见 4.4 节),即如果初始状态有一个小的扰动,例如三体之中的一个体的初始位置有一个小的偏移,则后来的状态可能会有极大的不同。这就是说,如果该小变动不能被测量仪器所探测,则人们就不能预测最终三体的状态。1888 年 5 月,庞加莱在比赛截止日期前交上了他的论文,6 个月后他就被宣布为获胜者。评委维尔斯特拉斯很有预见地指出这篇论文将开创天体力学历史上的 一个新纪元。

4.3.2 动力系统

动力系统,通俗讲,就是根据特定规则随着时间的推进而演变的系统,例如行星系、流体运动、物种的延续等。微分方程的定性理论属于经典的动力系统内容。庞加莱关于常微分方程定性理论的一系列课题,成为动力系统理论的开端。之后,美国数学家伯克霍夫(Birkhoff)以三体问题为背景,扩展了动力系统的研究。

动力系统的数学定义是:有一个由所有可能发生的各种状态构成的集合 X 并有与时间 t 有关的动态规律 $\varphi_t : X \to X$。这样,一个状态 $x \in X$ 随时间 t 变动而成为状态 $\varphi_t(x)$。如果 X 是欧几里得空间或是一个拓扑空间,时间 t 占满区域 $(-\infty, +\infty)$,动态规律 φ_t 还满足其他简单且自然的条件(见专业书籍中拓扑动力系统的具体定义),则得一动力系统。这时,过每一点 $x \in X$ 有一条轨线,即集合 $\{\varphi_t(x) \mid t \in (-\infty, +\infty)\}$。如果 X 是一欧氏空间,且动力系统 $\varphi_t : X \to X$ 在每一 $x \in X$ 处对 t 可微,则称这系统为常微分方程系统。也可以证明一连续可微的常微分系统 S 恒可产生一动力系统。

1900 年,希尔伯特在国际数学家大会上提出 23 个数学问题,其中第 16 个问题的后半部分涉及微分方程:右端为 x, y 的 n 次多项式 $P_n(x, y)$,$Q_n(x, y)$ 的平面系统

$$\frac{\mathrm{d}x}{\mathrm{d}t}=P_n(x,y),\quad \frac{\mathrm{d}y}{\mathrm{d}t}=Q_n(x,y) \tag{4.10}$$

最多有多少个极限环,它们的位置分布如何?许多数学家围绕这一问题开展研究,从而深入地推动了平面定性理论及一些相关学科分支的进展。P.狄拉克(P.Dirac)于 1923 年发表长达 140 页的论文,证明每一确定的平面系统[式(4.10)],其极限环个数有限,称为有限性定理。但后人发现其证明存在缺陷,直至 20 世纪 80 年代末期才被严格地加以证明。这个工作分别由苏联数学家和法国数学家独立完成。

为解决希尔伯特第 16 个问题,人们依不同的 n 分别研究平面系统[式(4.10)],$n=1$ 时,式(4.10)为线性系统,显然不存在极限环;$n=2,3$(二次系统、三次系统)时,有不少研究成果;$n\geqslant 4$ 时的系统研究甚少。总之,要彻底解决希尔伯特第 16 个问题还有相当大难度。

4.4　混沌——偶然掉落于 20 世纪的数学

混沌理论是动力系统理论方面的一个重要发现。如果某个系统的当前状态完全能够确定它的未来行为,则该系统称为确定性的;反之称为随机性的。混沌是确定性动力系统的随机行为。庞加莱在三体问题的研究中,第一个指出确定性数学规律并不总是意味着可预测的规则行为。另一个著名的里程碑则是"混沌之父"E.N.洛伦兹(E.N.Lorenz)取得的。

许多学者认为,混沌是 20 世纪比肩于量子力学、相对论、电子计算机的科学成就之一。

4.4.1　洛伦兹的天气预报与混沌的概念

1961 年,美国气象学家洛伦兹在麻省理工学院用计算机进行天气模拟,试图进行长期天气预报。结果发现了一个奇怪的现象。初值的小小差别,经过逐步的放大,结果却会引起后面很大的不同。1972 年,他提出了"蝴蝶效应"来形象地描述混沌——"巴西境内的蝴蝶扇动翅膀,可能引起得克萨斯州的一场龙卷风"。比喻长时间大范围的天气预报往往因为一点点微小的因素造成难以预测的严重后果。

1975 年,在美国马里兰大学攻读数学博士学位的我国台湾数学家李天岩和他的导师 J.约克(J.Yorke)在《美国数学月刊》上发表了一篇影响深远的论文《周期 3 蕴含混沌》(*Period three implies chaos*)。该文在混沌发展的历史上起了极为重要的作用,这是"混沌"(chaos)一词第一次在数学文献中出现。李天岩和约克给出的关于混沌的定义如下:

定义 设 $f: X \to X$ 是连续映射，X 是紧的度量空间，f 的周期点的周期无上界，又存在 $S_0 \subset X - \mathrm{per}(f)$。如果满足以下条件：

(1) $\limsup\limits_{n \to \infty} d(f^n(x), f^n(y)) > 0$，$\forall x, y \in S_0$，$x \neq y$，其中 $d(\cdot, \cdot)$ 是 X 上的距离；

(2) $\liminf\limits_{n \to \infty} d(f^n(x), f^n(y)) = 0$，$\forall x, y \in S_0$；

(3) $\limsup\limits_{n \to \infty} d(f^n(x), f^n(p)) = 0$，$\forall x \in S_0$，$\forall p \in \mathrm{per}(f)$，其中 $\mathrm{per}(f)$ 是 f 的周期点集。则称 S_0 是混沌集，f 是 X 上李-约克意义下的混沌映射。

20 世纪 60 年代初，洛伦兹在研究流体运动过程中，曾考查过含有 3 个变量的著名的洛伦兹方程组

$$\frac{\mathrm{d}x}{\mathrm{d}t} = \sigma(y - x)$$

$$\frac{\mathrm{d}y}{\mathrm{d}t} = (r - z)x - y$$

$$\frac{\mathrm{d}z}{\mathrm{d}t} = xy - bz$$

式中，t 是时间；x 正比于对流运动的强度；y 正比于水平方向运动变化；z 正比于竖直方向温度变化；$\sigma = 10$；$b = 8/3$；参数 $r > 0$ 且可以改变。洛伦兹在计算机上运行发现其解的非周期现象，并且对于不同的 r 值，解的形态有很大的差别，特别当 $r > 24.06$ 以后，一些轨道最终将形成围绕左右两个空穴不规则地交替运行，从而形成所谓的洛伦兹混沌吸引子，其形状如蝴蝶(图 4.3)。洛伦兹方程组是一个确定性的系统，但出现了不确定的解，洛伦兹于 1963 年将这一重要发现以《确定性的非周期流》为题发表在气象期刊上，数学家们很少看到这一开创性的结果。1975 年，李-约克定义出现不久，由气象学家 A.法勒(A.Faller)将洛伦兹早年的论文介绍给数学家约克，约克又将此文介绍给美国著名数学家 S.斯梅尔(S.Smale)。对于简单的确定性系统会导致长期行为对初值的敏感依赖性，斯梅尔将这一问题的关键归结为理解混沌的几何特性，即由系统内在的非线性相互作用在系统演化过程中所造成的"伸缩"与"折叠"变换。斯梅尔在所谓的"马蹄"问题的研究中，发现大多数

图 4.3　洛伦兹与洛伦兹混沌吸引子

的迭代序列是非周期的,即存在混沌现象。斯梅尔又将洛伦兹的工作向更多的学者作了介绍,1977 年,第一次国际混沌会议在意大利召开,兴起了全球对混沌理论的研究热潮。

4.4.2　混沌的应用与价值

近几年人们发现了心律不齐等病症与混沌的联系,心律出现有规律的周期振荡或变化程度降低,则患者可能出现心脏猝死或心跳骤停的危险。20 世纪 20 年代后期,人们用非线性电路模拟心脏搏动时发现,患癫痫、帕金森等疾病的患者,发病时的脑电波呈明显的周期性,而正常人的脑电波近乎接近于混沌运动。如何理解健康人体的功能会显示混沌的特性尚有待进一步研究,但现在已开始利用混沌过程预测和控制心律不齐、癫痫等病症。

目前将混沌理论应用于经济研究相当活跃。投资、生产、销售、股市吞并、破产等有很大数量的人在参与,多种复杂的操作在进行,各种形式的经济行为在发生,这是一个混沌的过程,所以利用混沌理论研究经济系统更加能够揭示本质。

在物理学中,受恢复力作用的单摆表现为周期振荡运动,但若加上强迫振荡而变成受迫振动摆,其运动状态就可能成为混沌。

在化学反应中,某些成分的浓度可能会出现不规则的随时间变化的行为,即所谓的化学混沌,产生化学振荡系统,通过逐级分形,振荡频率越来越快,系统变得越来越复杂,最后呈现混沌状态。

在天文学中,地球上观测到的流星的成因,现在知道是由于太阳系的混沌运动,火星与木星之间存在着一个小行星带,只有偏心率达到 57% 的小行星的轨道才能与地球轨道相交,而理论和具体计算证明,混沌运动确实可以使偏心率超过 57%,从而可以使小行星进入地球大气层而成为流星。

在通信技术和交通管理中,基于混沌理论的保密通信、信息加密和信息隐藏技术的研究已成为国际前沿课题之一;而现今社会中的错综复杂的交通运动也是一种混沌运动,可以用混沌的理论去研究。

在艺术创作中,萨克斯管的标准音调不是混沌的,但在吹奏出两种不同音高产生的复合音调中又呈现出混沌。当今有些作曲家已运用多种方法把简单方程解的涨落化为音调的序列来创作。类似的方法也已经运用在美术、影视技术中。

4.5　非线性——现代数学之奥义

4.5.1　线性与非线性的概念

对线性的界定,一般是从相互关联的两个角度来进行的,一是数学角度,成立叠加原理:如果 φ,ψ 是系统的两个解,那么线性组合 $a\varphi+b\psi$ 也是它的一个解,换言之,两个态的叠加仍然是一个态。二是物理学角度,物理变量间的函数关系的几何图形是直线,变量间的变化率是恒量,这意味着函数的斜率在其定义域内处处存在且相等,变量间的比例关系在变量的整个定义域内是对称的。

非线性是线性的否定,其含义也可以从两方面描述。

(1) 数学上,非线性映射 $N(\varphi)$ 定义为对 a,b,φ,ψ 不满足 $N(a\varphi+b\psi)=aN(\varphi)+bN(\psi)$,即叠加原理不成立。

(2) 物理上,在用于描述一个系统的确定的物理变量中,变量间的变化率不是恒量,函数的斜率在其定义域中有不存在或不相等的地方。

4.5.2　非线性与线性的关系

非线性与线性是相对的,两者是一对矛盾的概念,一方面可以相互转化,另一方面又存在本质区别。在数学上一些线性方程可转化为非线性方程来解。物理上的一些非线性问题,也可以通过数学变换而转化为线性方程来研究。

蝴蝶效应本质就是非线性系统带来的问题。例如,一次函数和二次函数在迭代过程中会有明显差异。

对一次函数 $y=f(x)=kx$,假设 $k\neq 0,1$,它有唯一的不动点 $0:f(0)=0$。现在任取 $x=x_0$,代入方程得到 $y_0=kx_0$。令 $x_1=y_0$,代入 $y_1=kx_1$;令 $x_2=y_1,\cdots$这样不断迭代,得到一个数列

$$x_0,x_1,x_2,\cdots,x_n,\cdots$$

其值为

$$kx_0,k^2x_0,k^3x_0,\cdots,k^{n+1}x_0,\cdots$$

当 $k<1$ 时,数列趋向于不动点 0(不动点 0 是吸引子);当 $k>1$ 时,数列趋向于无穷大,远离不动点 0(不动点 0 是排斥子)。对于线性函数,这是很稳定的现象,但是对于非线性函数,情况就复杂得多。

来源于生物种群数量的数学模型——逻辑斯谛(Logistic)方程

$$x_{n+1}=\lambda x_n(1-x_n)$$

改写为连续变量,就是

$$f(x)=\lambda x(1-x) \tag{4.11}$$

当 $x\in[0,1],0<\lambda\leq 4$ 时,f 是从 $[0,1]$ 到 $[0,1]$ 的映射(称逻辑斯谛映射),它的图像是抛物线,称为单峰映射。通常称满足 $f(x)=x$ 的点 x 为映射 f 的不动点。方程 $\lambda x(1-x)=x$ 恒有解 $x=0$,当 $\lambda>1$ 时还有解 $x=1-\dfrac{1}{\lambda}$,它们都是映射式(4.11)的不动点,即直线与抛物线交点的横坐标。

重复进行映射式(4.11),则有

$$f^2(x) = f(f(x)) = \lambda^2 x(1-x)[1-\lambda x(1-x)], \cdots$$
$$f^n(x) = f(f^{n-1}(x)), \quad n = 2, 3, \cdots$$

若对某个值 x_0，有 $f^n(x_0) = x_0$，而当自然数 $k < n$ 时，均有 $f^k(x_0) \neq x_0$，则称 x_0 是 f 的一个 n-周期点，相应的点集 $\{x_0, f(x_0), \cdots, f^{n-1}(x_0)\}$ 称为 f 的一个 n-周期轨。显然 $x = 0$ 与 $x = 1 - \dfrac{1}{\lambda}$ 是映射式 (4.11) 的 1-周期点。

容易证明，任取初始点 $x_0 \in (0, 1)$，在映射式 (4.11) 下，令 $n \to \infty$，则当 $0 < \lambda \leqslant 1$ 时，$x_n \to 0$；当 $1 < \lambda < 3$ 时，$x_n \to 1 - \dfrac{1}{\lambda}$，即当 $0 < \lambda < 3$ 时最终都趋向于 1-周期点；但当 $\lambda \geqslant 3$ 时会出现 2-周期点、4-周期点等。例如，$\lambda = 3.2$ 时，取 $x_0 = 0.5$，反复迭代可以发现，当 $n \geqslant 5$ 之后，x_n 交替地取 0.7995 和 0.5130（保留到 4 位小数），即出现了 2-周期点。

可以借助计算机作数值计算，来看清 λ 变化时，像点 x_n 的分布状况。先取定一个小于 3 的 λ 的值，再任取一个初始值 $x_0 \in (0, 1)$，在映射式 (4.11) 下，用计算机作 100 次左右的迭代，舍弃中间的运算数据，将最后所得的数值汇成一点。对于同一个 λ 值，绘 200～300 个点，再逐渐增加 λ 值，便得到变化的轨迹。如图 4.4 所示，当 $\lambda < 3$ 时是一条单线，即 1-周期轨；在 $\lambda = 3$ 处单线开始一分为二，出现了 2-周期点，得 2-周期轨，即出现倍周期分支；当 $\lambda = 1 + \sqrt{6} = 3.4496\cdots$ 时，发生第二次倍周期分支，出现 4-周期点，得到稳定的 4-周期轨；到 $\lambda = 3.54409\cdots$ 时，又产生第三次倍周期分支，出现 8-周期轨；随着 λ 的继续增大，倍周期分支出现在越来越窄的间隔里，经过 n 次倍周期分支，得到 2^n-周期轨，虽然这种过程可以无限继续下去，但参量 λ 却有个极限值 $\lambda_\infty \approx 3.569945672\cdots$，这时由于周期无限长，从物理上看已经非周期解了，迭代点列的分布呈现出混沌的特征。当 λ 越过 λ_∞ 进入 $[\lambda_\infty, 4]$ 的范围，便进入了混沌区。

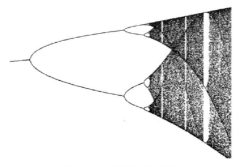

图 4.4　逻辑斯谛映射

总结以上，我们发现：逻辑斯谛映射对于取值不太大的 λ，不管初始值如何，多次迭代最后结果总是稳定的,而且稳定状态不依赖于初始值。但当 λ 超过 3 时,情况发生了变化,稳定状态变为两个数值。λ 继续增大到 3.444…时,周期 2 的稳定状态也不再出现,出现周期 4 循环。当增大到 3.56,周期又加倍到 8;到 3.567,周期达到 16,此后便是更快速的 32,64,128…周期倍增数列。这种倍周期分岔速度如此之快,以致到 3.5699…就结束了,倍周期分支现象突然中断:周期性让位于混沌。

这些令人眼花缭乱的非线性特征,展示了非线性数学具有变异性和不稳定性。一个完全决定性的二次函数形成的抛物线映射,竟然可以得到随机出现的数值序列,其内在的数学意蕴的深刻,可见一斑。

4.5.3　现代数学的奥义

非线性,是世界上的物质运动的本质属性(线性是其特例)。近百年来,非线性问题层出不穷,引起了科学家的极大关注。

非线性数学则是用非线性数学理论和方法来研究非线性现象、解决非线性问题的数学工具。非线性数学的研究对象,源自实践和理论两个方面,有着复杂的数学关系、结构和性质,很多研究对象呈现出良好的自相似性、对称性或周期性。

非线性科学正处于发展过程之中,它所研究的各门具体科学中的非线性普适类,有已经形成的(如混沌、分形、孤子),有正在形成的(如适应性),还会有将要形成的,所以非线性的性质远没有完全呈现出来。随着人们对非线性现象的认识越来越深入,非线性科学已经成为科学研究和技术进步的热点领域,与之相应的非线性数学也在逐步发展。目前,混沌动力学、分形几何学、动力系统、微分方程等非线性数学领域进展迅速。

4.6　超弦——爱因斯坦之梦、包罗万象的理论

4.6.1　超弦的界定

所谓"弦",是一条细线,"超弦"则是一条超乎寻常细小的线性结构,它小到连电子显微镜也看不见。正是"超弦"把组成物理世界的各种最基本粒子在它上面安排得井井有条。

超弦理论(简称"弦论")构筑在数学观念之上,希望能统一地描写所有的力,构成物质的所有基本粒子和时空,从而成为一个包罗万象的理论,统一解释宇宙。

早在春秋战国时期,我国古代思想家老子提出了类似于"弦论"的"玄论",强调在宇宙开端,要注意研究其变化,在研究宇宙万物时,要注意各种物质引力伸展达到的边际,并用"玄"把宇宙开端和宇宙万物形成后的规律统一起来,指出"玄论"是

认识全部宇宙变化的根本途径。现代科学的"弦论"则指出,宇宙开始形成的"大爆炸"10^{-43} s 之后的变化,可以用量子力学来刻画,宇宙在发展膨胀过程中则适用爱因斯坦相对论,而"超弦"可以把这两者统一起来。

公元前 5 世纪,古希腊得漠克利特(Democritus)提出原子说,被认为是第一个包罗万象的理论。17 世纪,伽利略和牛顿在物理力学等方面的工作带来了现代科学的兴起。但是,牛顿等人并不能完全解释原子间的力,且原子运动所在时空完全是在经典理论范围之外。19 世纪下半叶,麦克斯韦的电磁理论补充了牛顿的力学和引力论。1930 年左右,原来的经典物理已经被新的理论框架:量子力学、广义相对论和原子的更精致的模型所取代。原子被发现只是复合的物体,它们由少数的满足相对论和量子力学的基本粒子(电子、质子、中子)所构成。爱因斯坦用他余年的大部分时间寻找一种用纯几何描述的自然的"统一场论"。

近代美国科学家将"弦论"与量子力学和爱因斯坦的相对论相提并论,认为"弦论"的提出是物理学领域的第三次革命的最重要标志。

4.6.2 超弦与数学的联系

一个好的包罗万象的理论不仅仅是基本定律的汇总,还应具有解释能力,建立自然的不同侧面的联系,建基于"自然是简单的"的信念之上。

最终的包罗万象的理想理论是基于可以导出所有事物的自然的基本原则,这个原则设想是一个包容所有基本物理理论的简练的数学表达式。

统一物理的努力有两种不同的方案,第一种是"自上而下"的方案,从某个由美妙且简洁的数学形式表达的广义原则出发,得到对世界的描述,从而得到对特殊性的预言。爱因斯坦的大部分工作是这样开展的。广义相对论是建立在引力和惯性力等价,以及物理是不依赖于坐标系的原则上的,从这些基本的想法出发,爱因斯坦得出了引力场方程。这些方程以美妙、简洁和紧凑而闻名,但是,方程的解并不简单,行星运行或双星的引力波辐射非常复杂。所以,60 年后的今天,这个理论蕴含的所有现象还没有被完全揭示。另一种更为普遍的科学研究方法是"自下而上"的方案。这种方法从现象出发,系统地整理实验的原始数据,并推导出某些数学规律。运用归纳法,推广为更普遍的数学定律,根据定律在新的领域对现象作出预言,再用实验验证预言,通过逐步积累,科学家们得出比事实更深刻的理论。

4.7 数学物理的融合——牛顿的启示

物理学很早就开始应用数学,以牛顿的工作为主要标志,18 世纪成为数学与经典力学结合的黄金时期。19 世纪是数学与电学、电磁学结合的重要时期,并且出现了以剑桥学派为代表而形成的数学物理分支。20 世纪后,数学相继应用于相对论、量子理论和基本粒子理论等方面,并取得了一个又一个突破,极大丰富了数学物理的内容,同时也反过来刺激了数学理论自身的发展。

例1   纳维-斯托克斯方程

这是描述黏性不可压缩流体动量守恒的运动方程,简称 N-S 方程。此方程是法国科学家纳维于 1821 年和英国物理学家斯托克斯于 1845 年分别建立的。它的矢量形式是

$$\rho \frac{\mathrm{d}\boldsymbol{v}}{\mathrm{d}t} = -\nabla p + pF + \mu\Delta\boldsymbol{v}$$

在直角坐标中,它可写成

$$\begin{cases} \rho \dfrac{\mathrm{d}u}{\mathrm{d}t} = -\dfrac{\partial p}{\partial x} + \rho X + \mu\Delta u \\ \rho \dfrac{\mathrm{d}v}{\mathrm{d}t} = -\dfrac{\partial p}{\partial y} + \rho Y + \mu\Delta v \\ \rho \dfrac{\mathrm{d}w}{\mathrm{d}t} = -\dfrac{\partial p}{\partial z} + \rho Z + \mu\Delta w \end{cases}$$

式中,Δ 是拉普拉斯算子;ρ 是流体密度;p 是压力;u,v,w 是流体 t 时刻在点 (x,y,z) 处的速度分量;X,Y,Z 是外力的分量;常数 μ 是动力黏性系数。N-S方程概括了黏性不可压缩流体流动的普遍规律,因而在流体力学中具有特殊意义。

例2   量子力学的基础

20 世纪初,M. K. E. L.普朗克(M. K. E. L. Planck)、爱因斯坦、N. H. D. 玻尔(N. H. D. Bohr)等人创立了早期的量子论,但直到 1925 年,还没有一种量子理论能以统一的结构来概括这一领域积累的成果。1925 年,由 W. 海森堡(W. Heisenberg)建立的矩阵力学和 E.薛定谔(E. Schrödinger)发展的波动力学形成了两大量子理论。1927 年,希尔伯特、J.冯·诺依曼(J. von Neumann)、L.诺德海姆(L. Nordheim)合作发表了论文《论量子力学基础》,开始用积分方程等分析工具使量子力学统一化。随后,冯·诺依曼又进一步利用抽象希尔伯特空间理论,奠定了量子力学严格的数学基础。1932 年,冯·诺依曼发表了总结性著作《量子力学的数学基础》,完成了量子力学的公理化。

薛定谔量子力学基本方程:

一维薛定谔方程:$-\dfrac{\hbar^2}{2\mu}\dfrac{\partial^2\psi(x,t)}{\partial x^2}+U(x,t)\psi(x,t)=\mathrm{i}\,\hbar\dfrac{\partial\psi(x,t)}{\partial t}$

三维薛定谔方程:$-\dfrac{\hbar^2}{2\mu}\left(\dfrac{\partial^2\psi}{\partial x^2}+\dfrac{\partial^2\psi}{\partial y^2}+\dfrac{\partial^2\psi}{\partial z^2}\right)+U(x,y,z)\psi=\mathrm{i}\,\hbar\dfrac{\partial\psi}{\partial t}$

定态薛定谔方程:$-\dfrac{\hbar^2}{2\mu}\nabla^2\psi+U\psi=E\psi$

现在人们已经清楚认识到,希尔伯特关于积分方程的工作以及由此发展起来

的无穷变量的理论,确实是量子力学的非常合适的数学工具。量子力学的奠基人之一海森堡说:"量子力学的数学方法原来是希尔伯特的积分方程理论的直接应用,这真是一件特别幸运的事情!"而希尔伯特本人也深有感触地回顾说:"无穷变量的理论研究,完全是出于纯数学的兴趣。我甚至管这一理论叫'谱分析',当时根本没有预料到它后来会在实际的物理光谱理论中获得应用。"

例 3 场论的统一

广义相对论的发展,促使科学家们去寻求电磁场与引力场的统一表述。第一个做尝试的是数学家 H.外尔(H.Weyl),他在 1918 年提出了规范场理论,称之为"规范不变几何"。统一场论的探索后来又扩展到基本粒子间的强相互作用和弱相互作用。1954 年,物理学家杨振宁和 R.L.米尔斯(R.L.Mills)提出"杨-米尔斯理论",揭示了规范不变性可能是 4 种(电磁、引力、强、弱)相互作用的共性,开辟了用规范场统一自然界这 4 种相互作用的新途径。

数学家们很快注意到杨-米尔斯理论所需要的数学工具早已存在,物理规范势实际就是 20 世纪 30—40 年代已经得到充分研究的大范围微分几何中纤维丛上的联络。进一步,人们还发现,规范场的杨-米尔斯方程是一组在数学上有重要意义的非线性偏微分方程。1975 年以来,对杨-米尔斯方程的研究取得了许多重要成果,展现了统一场论的诱人前景,同时也推动了数学自身的发展。

参考题

1. 麦克斯韦方程组描述了怎样的关系?对物理学的发展有什么意义?

2. 何谓三体问题?数学上的动力系统是如何定义的?

3. 作为 20 世纪数学的新进展之一,混沌有怎样的应用以及有哪些哲学意义?

4. 为什么说非线性问题是现代数学的奥义?

5. 第一个阐明数学上的"对称"和物理上的"守恒"联系的是德国女数学家诺特,查阅资料,阐述诺特定理的内容。(参看"扩展阅读——广泛应用的微分方程")

6. 老子说:"道可道,非常道;名可名,非常名。无,名天地之始。有,名万物之母。故常无,欲以观其妙。常有,欲以观其徼。此两者,同出而异名,同谓之玄。玄之又玄,众妙之门。"将上述老子的言论与现代物理学中的"弦论"加以比较,说说二者的异同。

7. 数学与物理学有何联系?从数学与物理二者不断融合的趋势,说明数学之于自然科学的意义。(部分参看"扩展阅读——广泛应用的微分方程")

8. 查阅资料,阐述爱因斯坦方程的重要意义。(部分参看"扩展阅读——广泛应用的微分方程")

扩展阅读——广泛应用的微分方程

1. 诺特定理——假设一个力学系统对某个参数 s 具有对称性,即:当 s 变化时,系统的拉格朗日函数不变。那么,对应于参数 s,系统一定存在一个守恒的物理量 C。

证明:因为系统的拉格朗日函数 L 是广义速度和广义坐标的函数,假设坐标 x 可以表示为时间 t 及参数 s 的函数,L 则可表示为如下形式:

$$L = L(\dot{x}, x) = L(\dot{x}(t,s), x(t,s))$$

假设系统对参数 s 具有对称性,即当 s 变化时,L 不变。

$$\frac{\mathrm{d}L}{\mathrm{d}s} = 0 \Rightarrow \frac{\partial L}{\partial \dot{x}} \frac{\mathrm{d}\dot{x}}{\mathrm{d}s} + \frac{\partial L}{\partial x} \frac{\mathrm{d}x}{\mathrm{d}s} = 0$$

应用欧拉-拉格朗日方程

$$\frac{\mathrm{d}}{\mathrm{d}t} \frac{\partial L}{\partial \dot{x}} - \frac{\partial L}{\partial x} = 0$$

得到

$$\frac{\partial L}{\partial \dot{x}} \frac{\mathrm{d}\dot{x}}{\mathrm{d}s} + \frac{\mathrm{d}}{\mathrm{d}t} \frac{\partial L}{\partial \dot{x}} \frac{\mathrm{d}x}{\mathrm{d}s} = 0$$

应用分部积分法,化简后有

$$\frac{\mathrm{d}}{\mathrm{d}t} \left(\frac{\partial L}{\partial \dot{x}} \cdot \frac{\mathrm{d}x}{\mathrm{d}s} \right) = 0$$

从而 $\dfrac{\partial L}{\partial \dot{x}} \cdot \dfrac{\mathrm{d}x}{\mathrm{d}s} = C$(常数)。

2. 从数学物理融合的历史过程中可以看到:①物理对象是在更深的层次上发展成为新的公理表达方式而被人类所掌握,一种新的公理体系的建立是科学理论进步的标志;②不依靠合适的表达方法就无法认识到新的物理对象的存在;③正在建立的理论将决定在何种层次上使研究的对象成为物理事实。

尽管现代数学与现代物理学之间的不可分割的数理逻辑联系至今也没有完全被人们所理解和接受,但不得不承认数学和物理的融合趋势自牛顿开始就势不可挡,并且这种相互影响将一直持续下去。

3. 写就数学史上最美的诗——傅里叶级数理论

1807 年,J. B. J. 傅里叶(J. B. J. Fourier,1768—1830)(图 4.5)向法国科学院提交了一篇关于热传导的论文,文中指出任一函数都能展开成为一系列三角函数组成的无穷级

图 4.5　傅里叶

数,这就是著名的傅里叶级数理论。1811 年他提交的修改过的论文获得了 1812 年科学院颁发的奖金。他 1822 年发表的著作《热的解析理论》是数学史上的关于偏微分方程的经典文献之一,他的这项开创性的工作对数学物理的研究和实变函数的理论发展都产生了重大影响。在这部著作中,他研究了吸收和释放热的物体内部的温度分布规律,给出了三维空间的热传导方程

$$\frac{\partial^2 T}{\partial x^2} + \frac{\partial^2 T}{\partial y^2} + \frac{\partial^2 T}{\partial z^2} = k^2 \frac{\partial T}{\partial t}$$

在特定的条件下解这一偏微分方程,涉及了傅里叶级数这一在 18 世纪被数学家广泛争议的问题。这部著作中还给出了傅里叶积分。在音乐上的应用是傅里叶分析的一个重要成果,傅里叶分析被认为是数学上最美的诗。

4. 现代微分方程主要分支:

(1) 常微分方程;

(2) 偏微分方程;

(3) 泛函微分方程;

(4) 脉冲微分方程;

(5) 随机微分方程。

5. 引力场方程 ——二阶偏微分张量方程

1907 年,闵可夫斯基提出将时间和空间融合在一起的四维时空——"闵可夫斯基空间",为爱因斯坦的狭义相对论提供了合适的数学模型。在此基础上,爱因斯坦进一步研究引力场理论用以建立广义相对论。1912 年,爱因斯坦已经概括出新的引力理论的基本物理原理。但为实现广义相对论的目标,还必须寻求理论的数学结构,他为此花费了三年的时间,直到掌握了必需的数学工具——黎曼几何(即爱因斯坦后来所称的张量分析)。在数学上,广义相对论的时空可以解释为一种伪黎曼流形。广义相对论的数学表述第一次揭示了非欧几何的现实意义,成为历史上数学应用的最伟大的例子之一。

爱因斯坦场方程:$G_{\mu\nu} = R_{\mu\nu} - \frac{1}{2} g_{\mu\nu} R = \frac{8\pi G}{c^4} T_{\mu\nu}$,这是一个二阶张量方程。$R_{\mu\nu}$ 为里奇张量,表示空间的弯曲状况;$T_{\mu\nu}$ 为能量-动量张量,表示了物质分布和运动状况;$g_{\mu\nu}$ 为黎曼度规,爱因斯坦引力场方程的物理意义是:物质告诉时空如何弯曲,时空告诉物质如何运动。

第 5 章

从"上帝掷骰子吗"谈起——从确定到随机

法国数学家拉普拉斯曾说:"生活中最重要的问题,其中绝大多数在实质上只是概率的问题。严格地讲,我们的一切知识几乎都是或然性的,只有很少的事物对我们来说是知其所以然的。即使是在数学中,归纳类比这些发现真理的基本方法也是建基于概率的。因此,人类知识的整个系统都和概率论息息相关。"

20 世纪上半叶,物理学家爱因斯坦与玻尔有着长期激烈的争论,两位科学巨擘的争论关键,其焦点在于量子力学,本质是解释自然原理是不是确定性的问题。

爱因斯坦以"上帝不会掷骰子"的观点反对海森堡的不确定性原理,坚持认为是主要的描述方法不完备,只能得出统计性的权宜结果。他曾开玩笑地问玻尔:"难道你们真的相信上帝掷骰子吗?"玻尔也诙谐地反驳:"爱因斯坦,不要告诉上帝怎么做。"

爱因斯坦的这句"上帝掷骰子吗"流传甚广。爱因斯坦和玻尔之间的争论也因为对于物理学的重要性而被载入史册。上帝掷骰子吗? 这是 20 世纪量子力学留下的一个谜,也是 21 世纪科学家们不断探索和追求的谜。

概率论和统计学属于随机数学,是有别于确定性数学的一个数学分支。它研究的是随机现象的统计规律性。概率论是统计学的基础,统计学是概率论的一种应用。今天,概率论和统计学所提供的数学模型和方法应用极其广泛,几乎遍及科学技术领域、工农业生产和国民经济的各个部门中。例如,气象预报、人口预测、产品的抽样验收、电话通信、病人候诊等问题。而且,概率论和统计学方法还有不断扩展进入其他社会科学领域的趋势。

5.1 古典概率——赌博中的概率数学

我们生活的大千世界里充满了不确定性,从投硬币、掷骰子、玩扑克等简单的机会游戏,到复杂的社会现象;从婴儿的诞生到世间万物的繁衍生息,从流星坠落到大自然的万千变化……人们无时无刻不面临着不确定性和随机性。我们的生活和随机现象有着不解之缘。概率,又称几率、或然率,指一种不确定情况出现可能性的大小。在西方语言中,概率(probability)一词是与探究事物的真实性联系在一起的。概率论的目的就是从偶然性中探究必然性,从混沌中探究有序。例如,投掷一枚硬币,"正面朝上"是一个不确定的情况。因为投掷前,我们无法确定所指情况("正面朝上")是否发生,若硬币是均匀的且投掷有充分的高度,则两面的出现机会均等,我们说"正面朝上"的概率是 1/2;同样地,投掷一个均匀骰子,"出现 2 点"的概率是 1/6。除了这些简单情形外,概率的计算并不容易,往往需要一些理论上的假定,在现实生活中则往往用经验的方法确定概率。

概率论起源于关于赌博问题的研究。中世纪的欧洲,当时流行用骰子赌博,15世纪至 16 世纪意大利数学家 L.帕乔利(L.Pacioli)、塔尔塔里亚和卡尔丹的著作中曾探讨过许多概率问题,有一个著名的"分赌本问题"曾引起热烈的讨论。1654 年左右,法国数学家费马与 B.帕斯卡(B.Pascal)在一系列通信中讨论类似的合理分配赌金的问题,并用排列组合的方法给出了的解答。他们的通信引起了荷兰数学家惠更斯的兴趣。惠更斯在 1657 年出版了《论赌博中的计算》一书,成为概率论的奠基之作,曾长期在欧洲作为教科书。这些数学家的著述中所出现的一批概率论概念(如事件、概率、数学期望等)与定理(如概率加法、乘法定理)标志着概率论的诞生。由此看来,"分赌本问题"经历了长达 100 多年的探究,才得到正确的解决。在解决的过程中孕育了概率论一些重要的基本概念。

"分赌本问题"的一个简单情形是:甲、乙两人赌博,各出赌注 30 元,共 60 元,每局甲胜、乙胜的机会均等,都是 1/2。事先约定:谁先胜满 3 局谁就赢得全部赌注 60 元,现已赌完 3 局,甲 2 胜 1 负,因故中断赌博,问这 60 元赌注该如何分给两人,才算公平。最初人们认为应按 2∶1 分配,即甲得 40 元,乙得 20 元,还有人提出了另外的解法。最终公认正确的分法是应考虑到若在前面的基础上继续赌下去,甲、乙最终获胜的机会如何,至多再赌 2 局即可分出胜负,这 2 局有 4 种可能结果(甲赢第四场乙赢第五场,甲赢第四场和第五场,乙赢第四场甲赢第五场,乙赢第四场和第五场),其中 3 种情况都是甲最后取胜,只有一种情况才是乙取胜,二者之比为 3∶1,故赌注的公平分配应按 3∶1 的比例,即甲得 45 元,乙得 15 元。实际上,在甲赢得第四场的情况下,这两人就不会继续赌了,因为甲已经赢得了比赛。但是从数学的角度来看,我们必须考虑这两个人赌完全部 5 场比赛的可能结果,这是费马与帕斯卡解决问题的关键。

17 世纪中叶的学者们对机会游戏和赌博问题的研究使原始的概率和有关概念得到了发展和深化,这一阶段的工作称为**古典概率时期**,计算概率的工具主要是排列组合。

5.2   大数定律——频率的稳定性

瑞士数学家雅可布·伯努利的著作《推测术》是概率论发展史中最重要的里程碑之一,这部发表于 1713 年的著作堪称概率论的第一部重要著作。《推测术》除了总结前人关于赌博的概率问题的成果并有所提高外,还有一个极其重要的内容,即以他的名字命名的"伯努利大数定律",在概率论发展史上占有重要地位。

经验告诉人们:具有接近 1 的概率的随机事件在一次试验中几乎一定发生,概率接近于 0 的事件在一次试验中可以看作是不可能事件。因此,在实际工作和理论研究中,这两类事件具有重大意义。建立概率接近于 1 或 0 的规律是概率论的基本问题之一,大数定律就是反映这个问题的重要结论。

大数定律又称大数法则,指数量越多,则其平均就越趋近期望值。人们发现,在重复试验中,随着试验次数的增加,事件发生的频率趋于一个稳定值,例如,在对物理量的测量实践中,测定值的算术平均值就具有稳定性。

伯努利大数定律建立了在大量重复独立试验中事件出现频率的稳定性。其现代形式的定义如下(其详细与准确的数学描述还需要参考概率论教材):

若 $\xi_1, \xi_2, \cdots, \xi_n, \cdots$ 是随机变量序列,令

$$\eta_n = \frac{\xi_1 + \xi_2 + \cdots + \xi_n}{n}$$

如果存在这样一个常数序列 $a_1, a_2, \cdots, a_n, \cdots$,对任意的 $\varepsilon > 0$,恒有

$$\lim_{n \to \infty} P(|\eta_n - a_n| < \varepsilon) = 1$$

则称序列 $\{\xi_n\}$ 服从**大数定律**。

此后,德国数学家 A.棣莫弗(A.De Moivre)、高斯,法国数学家 G.L.蒲丰(G.L. de Buffon)、拉普拉斯、泊松等对概率论做出了进一步的奠基性的贡献。其中棣莫弗由中学熟知的二项式公式 $(p+q)^n$ 推出正态分布曲线。高斯奠定了最小二乘法和误差估计的理论基础。蒲丰提出了投针试验和几何概率。泊松陈述了泊松大数定律。特别是法国数学家拉普拉斯于 1812 年出版了专著《分析概率论》,给出了概率的古典定义,全面系统地总结了前一时期概率论的研究成果,以强有力的微积分为工具研究概率,开辟了现代概率论发展的新阶段,史称**分析概率时期**。

19 世纪后期,极限理论的发展成为概率论研究的中心课题,俄国数学家 P.L.切比雪夫(P.L.Chebyshev,1821—1894)在这方面做出了重要贡献,他在 1866 年建立了关于随机变量序列的大数定律,使伯努利大数定律和泊松大数定律成为其特例。切比雪夫还将棣莫弗-拉普拉斯极限定理推广为更一般的中心极限定理,他的成果后来被他的学生 A.A.马尔可夫(A.A.Markov,1856—1922)等发扬光大。

为了用数学方法对某种统计规律进行研究,我们首先要对随机现象给出规范

的数学描述,或者说为其建立一个数学模型。这一阶段形成了一些基本概念:随机变量是用以描述随机现象的基本数学工具。对随机现象的研究必然联系到对客观事物的"试验"(包括调查、观察、实验等),一般地,我们总可以将试验的结果通过数值来描述,数学上能用一个数 ξ 表示,这个数 ξ 是随着试验的结果不同而变化的,即它是样本点的函数,这种量就是随机变量。

随机变量的严格数学定义如下:设 $\xi(\omega)$ 是定义于概率空间 (Ω, F, P) 上的单值实函数,如果对于直线上的任一波雷尔点集 B,有 $\{\omega: \xi(\omega) \in B\} \in F$,则称 $\xi(\omega)$ 为随机变量。

随机变量是定义在样本空间上的具有某种可测性的实值函数。对于随机变量,人们关心的是它取哪些值以及以怎样的概率取得这些值。这是随机变量与函数的不同之处。

5.3 柯尔莫哥洛夫——概率的公理化

5.3.1 概率的经典定义

在概率的公理化定义给出前,概率有过一些经典的定义。

1. 统计概率

随机事件有偶然性的一面,也有必然性的一面,这种必然性表现为大量试验中随机事件出现的频率的稳定性,即一个随机事件出现的频率常在某个固定的常数附近摆动,这种规律性称为统计规律性。

若在 N 次重复试验中,事件 A 出现了 n 次,则 A 出现的频率为 $F_N(A) = \dfrac{n}{N}$,频率的稳定性提供了求某事件概率的一种方法,即当 N 足够大时,用频率作为概率的近似值,这就是统计概率的定义

$$P(A) \approx F_N(A) = \frac{n}{N}$$

统计概率的定义,在历史上一直是概率论研究的一个重大课题。事实上,在很一般的条件下,这个结论成立,但同时数学理论上,还需要对问题的提法进一步明确。

2. 古典概率

古典概型是一类最简单的随机现象的数学模型,是概率论发展初期人们研究的主要模型,在概率论发展史上占有重要地位。

古典概型有两个特征:

(1) 在试验中它的全部可能结果只有有限个,且这些事件是两两互不相容的;

(2) 每个事件的发生或出现是等可能的,即它们发生的概率一样。

古典概型中,事件 A 的概率是一个分数,其分母是样本点的总数 n,而分子是事件 A 中所包含的样本点的个数 m,计算公式为

$$P(A) = \frac{m}{n} = \frac{A \text{ 中所包含的样本点个数}}{\text{样本点总数}}$$

拉普拉斯在 1812 年把上式作为了概率的一般定义,现在通常称为古典概率。

古典概率可应用于类似产品抽样检查的一大类具体问题,其计算常用到一些排列和组合的知识,有时富于技巧性或者很困难。

概率史上著名的生日问题就是用古典概率解决的。

生日问题:求 n 个人的集体中没有两个人生日相同的概率(假设一年的 365 天里,人的出生率都是一样的,即在哪一天出生具有等可能性)。可以计算当 $n = 10$ 时,此概率约为 0.0883;当 $n = 40$ 时,此概率约为 0.109。从中可以看到 40 个人的集体中,两个人生日相同的概率接近 0.891。

3. 几何概率

几何概型有两个特征:

(1) 在试验中它的全部可能结果有无限多个,且这些事件是两两互不相容的;

(2) 每个事件的发生或出现是等可能的,即它们发生的概率一样。

几何概型中,试验的可能结果是某个区域 Ω 中的一个点,这个区域可以是一维的、二维的、三维的,也可以是 n 维的,试验的全体可能结果是无限的。但事件发生的等可能性使得落在某区域 A 的概率与区域 A 的测度(长度、面积、体积等)成正比且与其位置和形状无关。几何概率的定义为

$$P(A) = \frac{A \text{ 的测度}}{\Omega \text{ 的测度}}$$

在几何概型中,以下的会面问题和投针问题是两个典型且著名的模型,几何概率的计算一般可以通过几何方法来求解。

会面问题:两人相约 7 点到 8 点在某地会面,先到者等候另一个人 20min,过时就离开,求这两个人能会面的概率。

投针问题:平面上画着一些平行线,它们之间的距离都等于 a,向此平面任投一长度为 $l(l < a)$ 的针,求此针与任一平行线相交的概率。

5.3.2 贝特朗悖论

19 世纪末,概率论在统计物理等领域的应用引发了对概率论基本概念与原理进行解释的需要。同时,科学家们发现的一些概率论悖论也揭示出古典概率论中基本概念存在的矛盾与含糊之处。1899 年,法国学者 M. A. 贝特朗(M. A. Bertrand, 1847—1907)提出了著名的"贝特朗悖论":在一给定圆内所有的弦任选一条弦,求该弦的长度大于圆内接正三角形边长的概率。从不同方面考虑,即根据"随机选

择"的不同意义,可得不同结果 。

(1) 如图 5.1(a)所示,由于对称性,可预先指定弦的方向。作垂直于此方向的直径,只有交直径于 1/4 点与 3/4 点间的弦,其长才大于内接正三角形边长。所有交点是等可能的,则所求概率为 1/2。

(2) 如图 5.1(b)所示,由于对称性,可预先固定弦的一端。仅当弦与过此端点的切线的交角在 60°~120° 之间,其长才合乎要求。所有方向是等可能的,则所求概率为 1/3。

(3) 如图 5.1(c)所示,弦被其中点位置唯一确定。只有当弦的中点落在半径缩小了一半的同心圆内,其长才合乎要求。中点位置都是等可能的,则所求概率为 1/4。

这导致同一事件有不同概率,因此为悖论。

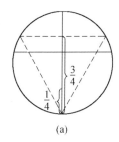
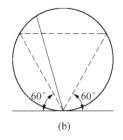
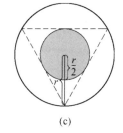

(a)   (b)   (c)

图 5.1   贝特朗悖论

这类悖论说明概率的概念是以某种确定的试验为前提的,这种试验有时由问题本身所明确规定,有时则不然。这些悖论的矛头直指概率概念本身,特别地,拉普拉斯的古典概率定义开始受到猛烈批评。此时,无论是概率论的实际应用还是其自身发展,都要求对概率论的逻辑基础做出更严格的考察。

5.3.3 概率的公理化

1917 年,苏联数学家 S.N.伯恩斯坦(S.N.Bernstein,1880—1968)最早尝试给出概率论的公理体系,但并不完善。作为测度论的奠基人,法国数学家 E.波雷尔(E.Borel,1871—1956)首先将测度论方法引入概率论中重要问题的研究,他的工作激起了数学家们沿这一崭新方向的一系列探索,其中尤以苏联数学家 A.N.柯尔莫哥洛夫(A.N.Kolmogorov,1903—1987)的研究最为卓著。从 20 世纪 20 年代中期起,柯尔莫哥洛夫就开始从测度论途径探讨整个概率论理论的严格表述,1933 年以德文出版了经典著作《概率论基础》。他在这部著作中建立起集合测度与事件概率的类比、积分与数学期望的类比、函数正交性与随机变量独立性的类比等,这种广泛的类比终于赋予了概率论以演绎数学的特征,完成了概率论的公理体系,在几条简洁的公理之下,发展出概率论整座的宏伟建筑。

柯尔莫哥洛夫公理化概率论中的第一个基本概念,是所谓的"基本事件集合"进行某种试验,这种试验在理论上应该允许任意次重复进行,每次试验都有一定的、依赖于机会的结果,所有可能结果的总体形成一个集合(空间)E,称为基本事件集合。E的任意子集,即由可能的结果事件组成的任意集合,被称为随机事件。在柯尔莫哥洛夫的公理化理论中,对于所考虑的每一个随机事件,都有一个确定的非负实数与之对应,这个数就称为该事件的概率。

概率的公理化定义:

定义:在事件域F上的一个集合函数P称为概率,如果它满足如下三个条件:

(1)(非负性)对一切$A \in F$,$P(A) \geqslant 0$;

(2)(规范性)$P(\Omega)=1$;

(3)(可列可加性)若$A_i \in F$,$i=1,2,\cdots$且两两互不相容,则

$$P\left(\sum_{i=1}^{\infty} A_i\right) = \sum_{i=1}^{\infty} P(A_i)$$

在公理化定义中,概率是定义在事件域上的一个集合函数,它只规定概率应满足的三条性质,而不具体给出计算公式。公理化定义包含了古典概率定义和几何概率定义等。

柯尔莫哥洛夫的公理体系逐渐获得了数学家们的普遍承认。由于公理化,概率论成为一门严格的演绎科学,取得了与其他数学分支同等的地位,并通过集合论与其他数学分支密切地联系着,概率论严格的数学基础被建立起来,古典问题得到了解决。从那以后,概率论成长为现代数学的一个重要分支,使用许多深刻和抽象的数学理论,新的概念和工具不断出现,概率论也成为数学的一个活跃分支。在其影响下,数理统计学也日益深化,它以概率论为理论基础,又为概率论提供了有力的工具,两者互相推动,迅速发展。而概率本身的研究则转入以随机过程为中心课题,进入了**现代概率时期**。

5.4   概率——量子力学的精髓

5.4.1   量子力学简介

1900年,英国著名物理学家开尔文(Kelvin)勋爵在《在热和光动力理论上空的19世纪乌云》一文中说:"在物理学阳光灿烂的天空中漂浮着两朵乌云。"其中,一朵乌云是迈克尔逊-莫雷实验;另一朵乌云则是黑体辐射研究中的困境。迈克尔逊-莫雷实验导致了相对论的诞生,而为了解决黑体辐射问题,普朗克提出了著名

的"量子化假设"：$E = h\nu$，打开了"量子"的潘多拉魔盒。在此基础上发展起来的量子力学已经成为描述微观世界的标准物理学理论，与相对论一起成为现代物理学的两大基石。

在量子力学创建过程中诞生了两个等价的理论：海森堡的矩阵力学和薛定谔的波动力学。波动力学是根据微观粒子的某种"波动性"建立起来的用波动方程描述微观粒子运动规律的理论，基于 1924 年 L.V.D.德布罗意（L. V. D. de Broglie）提出的"物质波"的假设，其频率和波长分别为

$$\nu = \frac{E}{h}, \quad \lambda = \frac{h}{p}$$

一切物质的波粒二分性可以通过图 5.2 所描述的光子与静止电子的康普顿散射实验来证实。事实上，应用德布罗意公式，并结合能量守恒与动量守恒定律，可以得到入射光子 γ_0 的波长 λ_0 和散射光子 γ 的波长 λ 之差 $\Delta\lambda = \lambda - \lambda_0$ 与电子散射角 θ' 之间的数量关系

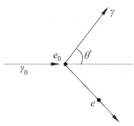

$$\Delta\lambda = \frac{2h}{m_e c} \sin^2 \frac{\theta'}{2}$$

式中 m_e 为电子的静止质量，与实验数据符合得非常好。

图 5.2　康普顿散射实验

1926 年，薛定谔提出了原子世界物质运动所满足的波动方程——薛定谔方程：

$$i\hbar \frac{\partial}{\partial t} \psi(\boldsymbol{r}, t) = \left(-\frac{\hbar^2}{2m} \nabla^2 + V \right) \psi(\boldsymbol{r}, t)$$

解决氢原子问题获得了极大成功。普朗克曾高度评价薛定谔的波动力学："他奠定了近代量子力学的基础，就像牛顿、拉格朗日和哈密顿创立的方程式在经典力学中所起的作用一样。"

5.4.2　波函数的概率解释

薛定谔方程中的 $\psi(\boldsymbol{r}, t)$ 被称为波函数，代表物理体系的量子态，其任意线性叠加仍然代表体系的一种可能的量子态，这被称作"相干叠加性"。那么波函数的物理意义是什么呢？要阐明这一点，需要把微观粒子的波动性与粒子性统一起来，更确切地说，把微观粒子的"原子性"与波的"相干叠加性"统一起来。这要归功于 M.玻恩（M. Born）在 1926 年提出来的概率波解释。他认为波函数 $\psi(\boldsymbol{r}, t)$ 所描述的，并不像经典波那样代表什么实在的物理量在空间分布的波动，而是刻画粒子在空间的概率分布，更确切地说，$|\psi(\boldsymbol{r}, t)|^2 \Delta x \Delta y \Delta z$ 代表在 t 时刻，在 $\boldsymbol{r}$ 点附近的小体积元 $\Delta x \Delta y \Delta z$ 中找到粒子的概率，因此 $\psi(\boldsymbol{r}, t)$ 被称为概率波。以上被称为

波函数的概率诠释,是量子力学的基本原理之一,据此易得 $\psi(\boldsymbol{r},t)$ 满足如下的归一化条件:

$$\int_{(\text{全})} |\psi(\boldsymbol{r},t)|^2 \mathrm{d}x\,\mathrm{d}y\,\mathrm{d}z \equiv 1$$

　　根据概率诠释,量子力学并不对一次观测准确预言一个结果,而是预言一组可能发生的不同结果,并给出每个结果出现的概率。也就是说,如果对大量类似的系统作同样的测量,人们可以预言结果为每个结果出现次数的近似值。

5.4.3　永远的不确定性原理

　　波函数的概率解释,把物质的波粒二象统一到概率波的概念中,摒弃了经典波所描绘的物理实体在三维空间中的波动。这使得人们意识到,经典粒子运动的概念对微观世界不可能全盘使用,例如轨迹的概念,即将粒子的运动状态用位置 $\boldsymbol{r}(t)$ 和动量 $\boldsymbol{p}(t)$ 来描述,其在微观世界究竟在多大程度上适用? 1927 年,海森堡提出的"不确定性原理"对此做了最集中形象的概括:

$$\Delta x \cdot \Delta p \geqslant \frac{h}{4\pi}, \quad \Delta E \cdot \Delta t \geqslant \frac{h}{4\pi}$$

　　不确定性原理说明人们不可能同时准确地测定微观粒子的位置和动量,也不能同时准确地测定其能量和时间,如果位置(或能量)测得越精确,则速度(或时间)就测得越不精确。这和牛顿力学大相径庭,因为在牛顿力学里,人们可以同时准确地测定位置和速度、能量和时间,所以可以用质点的位置和动量精确地描述它的运动。同时知道了加速度,也可以预言质点接下来任意时刻的位置和动量,从而描绘出轨迹。而在微观物理学中,不确定性原理告诉我们不可能同时准确地测得一个粒子的位置和动量,因而也就不能用轨迹来描述粒子的运动。

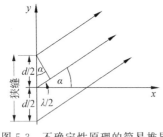

图 5.3　不确定性原理的简易推导

　　我们可以通过研究图 5.3 所示的在 x 方向运动的德布罗意波通过一个宽度 $d=\Delta y$,并与之垂直的狭缝,推导出海森堡不确定性原理的特殊形式:

$$\Delta p_y \Delta y = h$$

式中 p_y 为向量 p 在 y 方向上的分量。

　　事实上,由于立于狭缝后的屏上可见干涉条纹,因此波长和狭缝宽度满足如下关系:

$$\lambda = d\sin\alpha$$

此外,利用德布罗意公式可得动量在 y 轴上的投影为

$$\Delta p_y = p\sin\alpha = \frac{h}{\lambda}\sin\alpha$$

因此 $\Delta y \cdot \Delta p_y = d \Delta p_y = \dfrac{h}{\lambda} d \sin\alpha = h$ 。

1927 年,玻尔指出微观粒子现象的任何观测,都必然使得粒子和测量仪器间存在"原则上不可控制的相互作用",因而不可能使微观粒子的波动性和粒子性在同一实验中表现出来,必然得出不确定性关系。玻尔的原话是:"一些经典概念的应用不可避免地排除另一些经典概念的应用,而这'另一些经典概念'在另一条件下又是描述现象不可或缺的;必须而且只需将所有这些既互斥又互补的概念汇集在一起,才能而且定能形成对现象的详尽无遗的描述",这就是著名的"互补原理"。依照这一原理,玻尔指出:"通常意义下的因果性问题不复存在"。

玻恩的概率诠释,海森堡的不确定性原理以及玻尔的互补原理构成了量子力学哥本哈根解释的核心内容。虽然量子力学是迄今为止最严密、实验精度最高的物理理论之一,却依然存在着概念上的弱点和缺陷。玻尔也曾经说过:"如果谁不为量子论而感到困惑,那他就是根本不懂量子力学。"

5.5　无处不在的统计学——海量数据的挖掘

5.5.1　统计学简介

统计学是研究收集数据、分析数据并据此对所研究的问题做出一定结论的科学和艺术。由于统计学所考察的数据都带有随机性的误差,这给根据这些数据所做出的结论带来了不确定性,因此统计学需要借助于概率论的概念和方法。

统计学起源于收集数据的活动,小至个人的事情,大至一个国家的事务,都需要收集各种数据,如在我国古代典籍中,就有不少关于户口、钱粮、兵役、地震、水灾和旱灾等数据记载。中国周朝就设有统计官员,称为司书。《周礼·天官·冢宰》中记载设立"司书上士二人,中士四人,府二人,史四人,徒八人"负责"邦之六典……,以周知入出百物,……,以知田野夫家六畜之数。"汉代刘向编写的《管子·问》中提到春秋时期的 65 问,即 65 个调查科目,均为管理国家所需要的数据,例如,"问少壮而未胜甲兵者几何人?""为一民有几年之食也?"等。其中涉及了平均数、众数等统计学的名词。

在农业上,有关选种、耕作条件、肥料选择等一系列问题的解决,都与统计方法的应用有关。现行的一些重要的统计设计与分析方法,是近代伟大的数理统计学家 R.A.费歇尔(R. A. Fisher)于 20 世纪 20 年代在英国一个农业试验站工作时,因研究田间试验的问题而发明的。

在工业生产中,生产一种产品,首先有设计的问题,包括选择配方和工艺条件,"试验设计"是研究怎样在尽可能少的试验次数之下,达到尽可能高效率的分析结果。其次是在生产过程中由于原材料、设备调整及工艺参数等条件可能的变化而出现生产条件不正常并导致出现废品。"工序控制"则是通过在生产过程中随时收集数据并用统计方法进行处理,监测出不正常情况的出现以便随时加以纠正,避免出现大的问题。然后,大批量的产品生产出来后,将通过"抽样检验"以检验其质量是否达到要求,是否可以出厂或为买方所接受等问题,整个过程中数理统计方法被大量使用。

单是收集、记录数据并不能等同于统计学这门科学的建立,需要对收集来的数据进行整理,对所研究的事物进行定量或定性估计、描述和解释,并预测其在未来可能的发展状况。例如,根据人口普查或抽样调查的资料对我国人口状况进行描述;根据适当的抽样调查结果,对受教育年限与收入的关系,对某种生活习惯或嗜好(如吸烟、酗酒)与健康的关系作定量的评估;根据以往一段时间某项或某些经济指标的变化,预测其在未来一段时间的走向等,处理这些事情的理论与方法构成了数理统计学的内容。

英国学者 J.葛朗特(J.Graunt)在 1662 年出版的著作《关于死亡公报的自然和政治观察》,标志着统计学这门学科的诞生。中世纪欧洲流行黑死病,不少人死亡。自 1604 年起,伦敦教会每周发表一次"死亡公报",记录该周内死亡人的姓名、年龄、性别、死因,后来还包括该周的出生情况。几十年来,积累了很多资料,葛朗特是第一个对这一庞大的资料加以整理和利用的人,提出了数据简约、频率稳定性、数据纠错、生命表等原创概念。他因此被选入英国皇家学会,这也反映了学术界对他这一著作的承认和重视。

葛朗特的方法被英国政治经济学家 W.佩蒂(W.Petty)引进到社会经济问题的研究中,他提倡对这类问题的研究需要实际数据说话,他的工作总结在他去世后于 1690 年出版的《政治算术》一书中。但是,葛朗特和佩蒂的工作还停留在描述的阶段,不是现代意义下的数理统计学,因为当时的概率论尚处在萌芽阶段,数理统计学的发展缺乏充分的理论支持。统计学成为近代意义上的数理统计学,是从引进概率论开始的,其奠基人是比利时天文学家兼统计学家 A.凯特勒(A.Quetelet),他给出著名的"平均人"思想,首次在社会科学的范畴内提出了大数定律思想,并把统计学的理论建立在大数定律的基础上,认为一切社会现象都受到大数定律的支配。19 世纪,凯特勒在人口、社会、经济等领域的工作,对促成现代数理统计学的诞生起了很大的作用。

数理统计学的另一个重要源头来自天文和测地学中的误差分析问题。早期的测量工具精度不高,人们希望通过多次测量获得更多的数据,以便得到精度更高的估计值。测量误差有随机性,适合于用概率论的方法处理。伽利略曾对测量误差做过一般性的描述,拉普拉斯曾对这个问题进行了长时间的研究,概率论中著名的"拉普拉斯分布"就是他研究的成果。误差分析中最著名且影响深远的研究成果有二:一是 19 世纪初法国数学家勒让德和德国数学家高斯各自独立发明的"最小二乘法"。另外一个重要成果是高斯在研究行星绕日运动时提出用正态分布刻画测量误差的分布。正态分布在数理统计学中占有极重要的地位,现今仍常用的许多统计方法,就是建立在"所研究的量具有或近似地服从正态分布"这个假定的基础上,而经验和理论(概率论中的"中心极限定理")都表明这个假定的现实性。

19 世纪后期,F.高尔登(F.Galton)和 K.皮尔逊(K. Pearson)等一些英国学者所发展的与统计相关的回归理论,属于描述统计学,成为现代统计学的起点。所谓统计相关,是指一种非决定性的关系,如人的身高 X 与体重 Y,存在一种大致的关系,表现在 X 大(小)时,Y 也倾向于大(小),但非决定性的。现实生活中和各种科技领域中,这种例子很多,如受教育年限与收入的关系,经济发展水平与人口增长速度的关系等,都有这种性质。统计相关理论把这种关系的程度加以量化。统计回归则是把有统计相关的变量,如身高 X 和体重 Y 的关系的形式作近似的估计,建立所谓的回归方程。现实世界中的现象往往涉及众多变量,它们之间有错综复杂的关系,且许多属于非决定性的,相关回归理论的发明,提供了一种通过实际观察去对这种关系进行定量研究的工具,有着重大的意义。

20 世纪初,由于上述几方面的发展,数理统计学已积累了很丰富的成果,如抽样调查的理论和方法方面的进展等,但直到 20 世纪上半叶统计学统一的理论框架才得以完成,现代意义下的数理统计学才建立起来。现代统计学的主体是推断统计学(即数理统计学),这方面的杰出贡献者是提出试验设计的英国学者 R.A.费歇尔、发展统计假设检验理论的美籍波兰统计学家 J.奈曼(J. Neyman)与英国的 E.皮尔逊(E. Pearson)、提出统计决策函数理论的美籍罗马尼亚数学家 A.沃尔德(A. Wald)等。

自"二战"结束至今,数理统计学有了迅猛的发展,主要有以下三方面的原因:一是数理统计学理论框架的建立以及概率论和数学工具的进展,为统计理论的深入发展打开了大门,并不断提出新的研究课题;二是实用的需要,不断提出的复杂的问题与模型,吸引了学者们的研究兴趣;三是电子计算机的发明与普及,使涉及大量数据处理与运算的统计方法的实施成为可能。计算机的出现赋予统计方法以现实的生命力,同时,计算机对促进统计理论研究也大有助益,统计模拟是其表现之一。

随着信息化时代的到来,数理统计的理论和方法已经广泛应用于工业、农业、商业、军事、社会科学、IT 业、医疗卫生等许多领域,特别是随着计算机的普及和发展,各种统计软件的出现使得数理统计的方法愈来愈成为人们进行数据处理的主要方法。现在的统计学研究正努力与其他实用学科结合而形成交叉或边缘学科,如生物统计、医药统计、工业统计和金融统计等。

医学与生物学是统计方法应用最多的领域之一,统计学是在有变异的数据中研究和发现统计规律的科学。就医学而言,人体变异是一个重要的因素,不同人的情况千差万别,其对一种药物和治疗方法的反应也各不相同。因此,对一种药物和治疗方法的评价,是一种统计性规律的问题。不少国家对一种新药的上市和一种治疗方法的批准,都设定了很严格的试验和统计检验的要求。许多生活习惯(如吸烟、饮酒、高盐饮食之类)对健康的影响,环境污染对健康的影响,都要通过大量数据进行统计分析。例如,为了判断某人是否有心脏病,从健康的人和患心脏病的人这两个总体中分别抽取样本,对每人各测两个指标 x_1、x_2。做平面 x_1Ox_2(假设只考虑第一象限),可用直线 a 将平面分成两部分,落在上边(G_1 区域)的绝大部分为健康的人,落在下边(G_2 区域)的只有患心脏病的人(图 5.4)。这样给出某个人的上述两个指标就可以很容易分析和判断其是否有心脏病了。

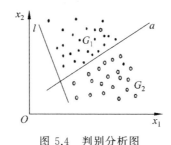

图 5.4　判别分析图

"·"表示健康的人;"。"表示患心脏病的人。

5.5.2　统计学习理论

近年发展起来的统计学习理论是统计学与计算机相结合的一门重要的学科。统计学习的主要方法包括:感知机、k 近邻法、朴素贝叶斯法、决策树、逻辑斯谛回归与最大熵模型、支持向量机、提升方法、em 算法、隐马尔可夫模型和条件随机场等。

统计学习理论主要研究以下三个问题:

(1)学习的统计性能:通过有限样本能否学习得到其中的一些规律?

(2)学习算法的收敛性:学习过程是否收敛?收敛的速度如何?

(3)学习过程的复杂性:学习器的复杂性、样本的复杂性、计算的复杂性如何?

最近非常热的机器学习是一门多领域交叉学科,涉及概率论、统计学、逼近论、凸分析、算法复杂度理论等多门学科,专门研究计算机怎样模拟或实现人类的学习行为,以获取新的知识或技能,重新组织已有的知识结构使之不断改善自身的性能。它是人工智能的核心,是使计算机具有智能的根本途径。

今天人类已经进入大数据时代,每时每刻都有文字、声音、图像等转换成的数据。全球知名的咨询公司麦肯锡于 2012 年指出"大数据时代到来了"。大数据为人们提供了一种全新的认识世界的方法——基于数据分析取代凭经验和直觉做出决策。面对海量数据,数理统计学无疑将起到更加重要的作用。

参考题

1. 概率论与统计学之间有何联系? 各是怎样的学科?

2. 概率的定义有哪几种? 古典概型与几何概型各有什么特点?

3. 概率的公理化定义不能计算出事件的概率,那么,这个定义有何意义? 为什么说在概率公理化以后,贝特朗悖论不再是一个问题了?

4. 概率论中的大数定律、中心极限定理的实质分别是什么?

5. 描述随机事件发生的可能性大小是如何数量化的? 随机变量和函数的区别是什么?

6. 为什么说量子力学的精髓是概率论?

7. 作为收集和分析数据的科学与艺术,阐述数理统计在生产生活等领域的应用。

8. 大数据主要与概率统计和计算方法有关,同时也涉及很多其他数学分支,试以图像处理的理论和方法为例说明之。

扩展阅读——概率统计学家及量子力学年谱

1. 分析概率论的先驱——P.S.M.德·拉普拉斯(P.S.M.de Laplace,1749—1827)(图 5.5)

1749 年 3 月 23 日,拉普拉斯出生于法国诺曼底的博蒙。他从青年时期就显示出卓越的数学才能,18 岁时离家赴巴黎,决定从事数学工作。于是带着一封推荐信去找当时法国著名学者达朗贝尔,但被后者拒绝接见。拉普拉斯就寄去一篇力学方面的论文给达朗贝尔。这篇论文出色至极,以致达朗贝尔高兴得要当他的教父,并推荐他到军事学校教书。拉普拉斯曾任巴黎军事学院数学教授。1795 年任巴黎综合工科学校教授,后又在巴黎高等师范学校任教授。1799 年他还担任过法国经度局局长,并在拿破仑政府中任过 6 个星期的内政部长。1816 年被选为法兰西科学院院士,1827 年 3 月 5 日逝于巴黎。

图 5.5　拉普拉斯

在研究天体问题的过程中,拉普拉斯创造和发展了许多数学方法,以他的名字命名的拉普拉斯变换、拉普拉斯定理和拉普拉斯方程在科学技术的各个领域有着极为广泛的应用。

拉普拉斯最有代表性的专著有《宇宙体系论》《天体力学》《概率分析理论》。1796年出版的《宇宙体系论》一书提出了对后来有重大影响的关于行星起源的星云假说。1799—1825年出版的5卷16册巨著《天体力学》之中第一次提出天体力学这一名词，是经典天体力学的代表作，他也因此被誉为"法国的牛顿"和"天体力学之父"。1812年出版的《概率分析理论》一书奠定了他"分析概率论创始人"的地位。

拉普拉斯曾任拿破仑的老师，他在数学上是个大师，在政治上却是个两面派。拿破仑的兴起和衰落，并没有显著影响他的工作，这应归功于他见风使舵的本领。

2. 星光闪烁的数学家族——伯努利家族（图5.6）

雅各布·伯努利　　　　　约翰·伯努利　　　　　丹尼尔·伯努利

图5.6　伯努利家族

瑞士的伯努利（Bernoulli）家族是著名的数学世家，3代人中产生了8位著名数学家。其中的3位：雅各布·伯努利、约翰·伯努利、丹尼尔·伯努利无疑是最杰出的。

雅各布·伯努利（Jacob Bernoulli，1654—1705）早年时期，父亲希望他成为一名牧师，后来受笛卡儿等人的影响，他转而致力于数学研究。他从1687年起直至逝世任巴塞尔大学的教授。在1713年出版的《推测术》一书中，他叙述了概率论中被称为"伯努利大数定律"的基本原理：若某事件的概率是 p，且若 n 次独立试验中有 k 次出现该事件，则当 $n \to \infty$ 时，$k/n \to p$。雅各布·伯努利的研究还包括悬链线问题、等周问题、对数螺线等诸多物理力学和几何学问题。他醉心于对数螺线的研究，发现对数螺线经过诸多变换后仍是对数螺线的奇妙性质。他的墓碑上刻着对数螺线，并题词"纵然变化，依然故我"，以象征死后的不朽。

约翰·伯努利（Johann Bernoulli，1667—1748）是雅各布·伯努利的弟弟，早年被父亲送去经商，后转而学医，在1694年获得巴塞尔大学医学博士学位，论文是关于肌肉收缩问题的。他同时跟随哥哥学习数学，很快就喜爱并掌握了微积分，并用之来解决几何学、微分方程和力学上的许多问题。1691年，约翰·伯努利在巴黎做过洛必达的私人教师,1694 年他最先提出洛必达法则。1695 年他成为荷兰格罗宁根大学的数学物理学教授,后在哥哥雅各布·伯努利去世后继任巴塞尔大学教授。约翰·伯努利在 1701 年对等周问题的解法研究中发现了变分法。

丹尼尔·伯努利(Daniel Bernoulli,1700—1782)是约翰·伯努利的儿子,起初他和他父亲一样学医,1721 年获得巴塞尔大学医学博士学位,论文是关于肺的作用。后来又与他父亲一样,马上放弃原专业而改攻他天生擅长的专长——数学。1725 年,丹尼尔·伯努利任俄国圣彼得堡科学院的数学教授。1733 年回到巴塞尔,先后任植物学、解剖学与物理学教授。他于 1738 年出版了名著《流体动力学》,其中讨论了流体力学并对气体动力理论作了最早的论述。他曾 10 次获得法国科学院颁发的奖项,贡献涉及天文、重力、潮汐、磁学等多个方面。许多人认为他是第一位真正的数学物理学家。

伯努利家族在当时的欧洲享有盛誉。但是非常不幸的是,这个家族的上述 3 位杰出人物却长期兄弟、父子失和。

3. 品德高尚的数学巨匠——A. N. 柯尔莫哥洛夫(A. N. Kolmogorov,1903—1987)

1903 年 4 月 25 日,柯尔莫哥洛夫(图 5.7)出生于俄罗斯的坦博夫城。柯尔莫哥洛夫童年生活不幸,母亲早逝,他由姨妈抚养长大。早年当过列车乘务员,业余学习数学。1920 年考入莫斯科大学,1931 年担任莫斯科大学教授,1933 年任莫斯科大学数学力学研究所所长。1935 年获得苏联首批博士学位,1939 年当选为苏联科学院院士,1966 年当选为苏联教育科学院院士。他的研究领域包括实变函数、拓扑空间、泛函分析、概率论、数理统计等多个分支,几乎遍及数论之外的一切数学领域。在纯粹数学、

图 5.7 柯尔莫哥洛夫

应用数学、随机数学等领域都有开创性贡献,被誉为 20 世纪苏联最杰出的数学家以及 20 世纪世界上为数极少的几个最有影响的数学家之一。

柯尔莫哥洛夫同时是一位伟大的教育家。他热爱学生,严格要求,指导有方,培养了一大批优秀的数学家。柯尔莫哥洛夫热爱生活,兴趣极其广泛,喜欢旅行、滑雪、诗歌、美术和建筑。更难能可贵的是,他谦逊淡泊,不注重名利,将得到的奖金捐给学校,不去领取高达 10 万美元的沃尔夫奖。他是一位具有高尚道德品质和崇高的无私奉献精神的科学巨人。1987 年 10 月 20 日,柯尔莫哥洛夫在莫斯科逝世。

4. 量子力学年谱(表 5.1)

表 5.1   量子力学年谱

年份	科学家	内容	意义
1859	基尔霍夫	黑体辐射规律	
1871	门捷列夫	化学元素周期表	
1879	斯特藩	发现斯特藩-玻尔兹曼定律	
1884	玻尔兹曼	导出斯特藩-玻尔兹曼定律	
1885	巴耳末	氢原子光谱线公式	
1887	赫兹	光电效应	
1893	维恩	维恩位移定律	
1895	维恩和陆末	小孔空腔黑体模型	
1896	贝克勒尔	放射线	
1896	塞曼	塞曼效应	
1896	维恩	维恩公式	
1899	卢瑟福	发现铀的 α 和 β 放射线	
1899	汤姆孙	发现电子	
1900	瑞利	瑞利公式	
1900	普朗克	能量子和普朗克黑体辐射公式	量子物理诞生之日
1900	威纳德	发现 γ 射线	
1907	爱因斯坦	量子比热理论	
1911		第一次索尔维会议	
1911	昂纳斯	发现超导电性	
1911	卢瑟福	核原子模型	
1912	德拜	固体比热量子理论	
1913	玻尔	氢原子理论	
1913	斯塔克	斯塔克效应	
1917	爱因斯坦	受激辐射,光量子具有动量	
1922	斯特恩和盖拉赫	斯特恩-盖拉赫实验	证明了电子绕核运动角动量量子化
1923	德布罗意	物质波	

续表

年份	科学家	内容	意义
1924	康普顿	X 射线散射实验	证明光量子具有动量
1924	玻色和爱因斯坦(分别)	玻色-爱因斯坦统计	
1925	泡利	泡利不相容原理	解释了元素周期表的壳层电子结构

第6章

从"数学之神"阿基米德谈起
——数学学派与数学大奖

阿基米德(Archimedes,约前287—前212)是古希腊学派最杰出的代表人物,被誉为"数学之神",关于他的故事和传说之多在古代科学家中绝无仅有。他将理论与实验合于一身,为科学的进步做出了卓越的贡献。

6.1　古希腊学派——数学之鼻祖

"古希腊数学"是指包括希腊本土、小亚细亚和意大利南部,以及埃及、中东和印度的数学成就。从时间上看,古希腊数学是始于公元前600年左右,至公元640年左右,持续了1200多年。古希腊数学汇集了巴比伦精湛的算术和埃及神奇的几何学等。古希腊数学家人才辈出,他们的成就在数量上和质量上都在古代世界首屈一指。学者们一般将古希腊数学以公元前300年为界大致分为两个时期:古典时期与亚历山大时期。

6.1.1　古典时期

古典时期从公元前600年左右至公元前338年马其顿控制希腊各城邦止。其中又以希腊波斯战争(前492—前449)为界分为前期和后期。在这个时期,涌现了许多数学学派。

6.1.1.1　古典时期前期
古典时期的前期最具影响力的主要有两大学派。

1. 伊奥尼亚学派(Ionians)——古希腊历史上的第一个学派
伊奥尼亚学派是由泰勒斯(Thales)(图6.1)创立的。泰勒斯是世界上最早留名的哲学家、数学家和天文学家,有着"希腊科学之父"之称。

泰勒斯是一个精明的商人,他流转于各地经商,并从巴比伦和埃及等地带回了数学知识,创立了伊奥尼亚学派。他在数学上的最著名的成就是测量金字塔的高度和预报过日食,而划时代的贡献是将逻辑学中的演绎推理引入数学,开创命题证明的思想,这使他获得了"第一位数学家"和"论证几何学鼻祖"的美誉及"希腊七贤之首"的尊称。

图 6.1　泰勒斯

泰勒斯发现的五大几何命题是:①圆的直径将圆平分;②等腰三角形两底角相等;③两条直线相交,对顶角相等;④有两角夹一边分别相等的两个三角形全等;⑤直径上的圆周角是直角(称为"**泰勒斯定理**")。

2. 毕达哥拉斯学派——古代西方美学的开端

毕达哥拉斯(图 6.2)早年游历过埃及和中东,后回到希腊定居于意大利半岛南部的克罗多内(Crotone),并广收门徒,组织了一个集政治、学术、宗教于一体的组织——毕达哥拉斯学派。

图 6.2　毕达哥拉斯

毕达哥拉斯学派的主要数学成就可概述如下:

1)几何学方面

(1)**毕达哥拉斯定理与毕达哥拉斯数组**。在西方,毕达哥拉斯学派最早发现和证明了毕达哥拉斯定理,被欧几里得收入《几何原本》之中,这个定理后来导致了无理数的发现。

对于边长为正整数的直角三角形,毕达哥拉斯学派给出表示三边长度的毕达哥拉斯三元数组(又称勾股数组)

$$\frac{m^2-1}{2}, \ m, \ \frac{m^2+1}{2} \quad (m \ \text{为奇数})$$

上述三元数组只限于斜边与已知直角边的差是 1 的情形。在世界数学史上,我国古代数学著作《九章算术》第一次给出了完整的勾股数组通解公式,以比例形式表述为

$$a:b:c=\frac{m^2-n^2}{2}:mn:\frac{m^2+n^2}{2} \quad (m,n \ \text{为互素的奇数})$$

魏晋时期的数学家刘徽在《九章算术注》中对这个一般形式给出了证明。

(2)**五角星与黄金分割**。五角星及其外接正五边形最早起源于公元前 3200 年左右的巴比伦,毕达哥拉斯学派曾使用五角星作为他们秘密组织的徽章或联络标志。他们熟知了五角星的作图方法,而其中要用到黄金分割。

正五角星与其外接正五边形(图 6.3),可组成 20 个大大小小的、顶角为 36° 的等腰三角形,存在数十对比值为黄金分割数(0.618)的线段。

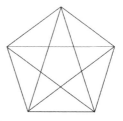

图 6.3   正五角星与其外接正五边形

（3）**正多面体作图**。在三维空间中只有 5 种正多面体：正四面体、正六面体（正立方体）、正八面体、正十二面体和正二十面体。这些正多面体的发现归功于毕达哥拉斯学派及其学派成员的学生，他们称正多面体为"宇宙形"。

2）**代数学方面**

（1）**整数的研究**。毕达哥拉斯学派重视对整数的研究，提出了奇数、偶数和素数的概念。定义了"完全数"和"亲和数"。

完全数是指一个等于所有小于自身因子之和的正整数，毕达哥拉斯学派发现了前三个完全数 6、28、496。关于完全数还有许多难题至今没有解决，例如，"是否存在奇完全数？"

亲和数是指一对正整数 a 和 b，a 是 b 的因子之和，而 b 也是 a 的因子之和，毕达哥拉斯学派发现了最小的一对亲和数：220 和 284。1636 年，费马找到了第二对亲和数：17 296 和 18 416。电子计算机诞生后，人们开始用计算机辅助寻找亲和数。但因计算机功能与数学方法的不够，目前仍有许多未解之谜。

（2）**可公度的概念**。毕达哥拉斯学派的最主要信条是"万物皆数"。他们认为"人们所知道的一切事物都包含数，因此，没有数就不可能表达也不可能理解任何事物"，即宇宙万物都依赖于正整数。他们从这一观点出发，给出了可公度的概念，即认为任何数都可以写成两个整数之比（即有理数）的形式。

从毕达哥拉斯定理出发，毕达哥拉斯学派发现正方形的边和对角线是不可共度的（正方形的边长和对角线的长度之比是 $\sqrt{2}$），从而发现了无理数，引发了数学史上的第一次数学危机。

（3）**等差数列的求和**。毕达哥拉斯学派从数与形的关系出发，研究了二者的结合物——"形数"（见 2.1 节）。例如，用 10 个点按照递增的规律可以垒成一个等边三角形，则 10 就称为一个"完全三角形数"。如图 6.4 所示：前几个完全三角形数为 1，3，6，10，15。并由此推得完全三角形数是由等差数列的求和公式

$$1 + 2 + 3 + \cdots + n = \frac{n(n+1)}{2}$$

给出的数，且由图 6.4 得出它们相邻的完全三角形数之和构成一列平方数：1，4，

图 6.4   完全三角形数

$9,16,25,\cdots$,从而对于完全三角形数的"平方数"则有公式

$$1+3+5+\cdots+(2n-1)=n^2$$

3）数学的应用方面

毕达哥拉斯学派是西方美学史上最早探讨美的本质的学派。毕达哥拉斯本人就认为宇宙是由声音与数字组成的,天体运动就是在演奏音乐。他说:"音乐之所以神圣而崇高,就是因为它反映出作为宇宙本质的数的关系。"公元前6世纪,毕达哥拉斯学派第一次用比率将数学与音乐联系起来。他们发现两个事实:一根拉紧的弦发出的声音取决于弦的长度;要使弦发出和谐的声音,则必须使每根弦的长度成整数比。这两个事实使得他们得出了和声与整数之间的关系,例如弦长比为2∶3时,就发出五度和声,弦长比为3∶4时,就发出四度和声。因此音调的和谐是由简单的数值比决定的,通过取不同的数值比就可以奏出完整的音阶,这就是毕达哥拉斯音阶和调音理论。

6.1.1.2   古典时期后期

古希腊数学在**古典时期的后期**(也称**雅典时期**)进入以雅典(Athens)为中心的繁荣时期,出现了如下5个主要学派。

1. 巧辩学派——尺规作图难题的提出

巧辩学派也称"智人学派",主要的数学贡献是提出只用无刻度的直尺和圆规进行几何作图的三大问题(见第2章)。

直到2000多年之后,人们才知道上述三大几何作图问题都是不可能有解的。但历史上对它们的研究却发展出许多新的数学方法和理论,开拓出一些新的领域,例如,圆锥曲线论、三四次代数曲线、割圆曲线等。

巧辩学派的代表人物安蒂丰(Antiphon)在数学方面的突出成就是用"穷竭法"讨论化圆为方问题,其中孕育着近代极限论的思想,使他成为古希腊"穷竭法"的始祖。

毕达哥拉斯学派的学生希波克拉底(Hippocrates)在研究化圆为方的过程中,给出了一个"新月形定理"——用尺规可以将新月形化为正方形(图6.5)。

其思想表述如下,可以证明新月形化为正方形:设正方形的边长$OF=l$,所以正方形的面积为l^2。扇形$OBCA$的半径$OA=\sqrt{2}\,l$,所以扇形$OBCA$的面积为

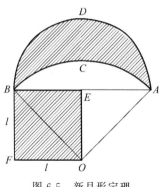

图 6.5　新月形定理

$\dfrac{\pi}{2}l^2$.因为三角形 OAB 的面积为 l^2,所以弓形 $AEBC$ 的面积为 $l^2\left(\dfrac{\pi}{2}-1\right)$.而半圆 ABD 的半径 $EA=EB=l$,所以半圆面积为 $\dfrac{\pi}{2}l^2$.月牙形 $ACBDA$ 的面积=半圆 ABD 面积-弓形 $AEBC$ 面积$=l^2=$正方形面积。

古希腊几何作图的三大问题的本质与数集的扩张关系密切,可以阐述如下。从有理数集合 $\mathbb{Q}$ 出发,可以定义用尺规作图能得到的线段长度全体的数集 S(即从自然数出发用有限次四则运算和开平方根所得到的实数全体),它是 $\mathbb{Q}$ 的一个扩张。接下来 S 的扩张是实数集合中的代数数集 A(即全体整系数代数方程的根的全体)。A 在实数集合 $\mathbb{R}$ 中的余集就是超越数的全体。这里集合之间的关系为

$$\mathbb{Q} \underset{\neq}{\subset} S \underset{\neq}{\subset} A \underset{\neq}{\subset} \mathbb{R}$$

由此可以解释古希腊几何作图难题的真正困难:三等分角问题和倍立方问题可以归结为要用尺规作图得到差集 $A-S$ 中的数,化圆为方问题则是要得到差集 $\mathbb{R}-A$ 中的 π,它们均超出了集合 S,因而是不可能的(见 2.3 节)。

2. 伊利亚(Elea)学派——悖论之数学思考

芝诺(Zeno)是伊利亚学派的代表,毕达哥拉斯学派成员的学生。芝诺以提出悖论留名数学史,其中最著名的悖论是与运动有关的 4 个:二分法、阿基里斯追龟、飞矢不动、运动场问题。

芝诺的前两个悖论,涉及事物无限可分的思想,后两个悖论涉及无限小量不可分的观点。这 4 个悖论将运动和静止、无限与有限、连续与离散的关系以非数学的形式提了出来。对芝诺悖论的争论至今已经持续 2400 多年。数学史家 F.卡乔里(F.Cajori)评价说:"芝诺悖论的历史,大体上也就是连续性、无限大和无限小这些概念的历史。"

3. 原子论学派——积分论的萌芽

德谟克利特(Democritus)是原子论学派的代表。该学派的基本观点认为万物的本原是"原子"与虚空,原子是一种最小的、不可再分的、看不见的物质微粒,而虚空是原子运动的场所,这就是所谓的"原子论"。

德谟克利特从原子论的哲学观点出发,提出一切整数都是由离散的元素组成,并将这一思想用于数学发现,计算出某些图形的面积或体积。例如,他将圆锥视为一系列不可分的薄膜组成,从而得到圆锥体积等于同底同高的圆柱体体积的 1/3

（这个结果的严格证明是之后的欧多克索斯完成的），这可以认为是卡瓦列里不可分量理论的先驱,这种看法已孕育着近代积分论的萌芽。

4. 柏拉图学派——数学的哲学指导

柏拉图(Plato)曾师从毕达哥拉斯学派,是哲学家苏格拉底(Socrates)的学生。柏拉图学派的数学成就主要有:

(1) 认为数学的研究对象是抽象的数和理想的图形。将毕达哥拉斯学派关于数学概念的抽象定义的工作向前推进了一大步。

(2) 发展了从公理或公设出发的用演绎推理方法系统整理零散数学知识的思想,是数学中的分析法与归谬法的创始者。

(3) 发展了认识论、数学哲学和数学教育思想,在古希腊的社会条件下,对于科学的形成和数学的发展,起了重要的推动作用。

柏拉图是哲学家而非数学家,却赢得了"数学家的缔造者"的美誉。

5. 亚里士多德学派——形式逻辑的先驱

亚里士多德(Aristotle)是柏拉图的学生,留有名言"吾爱吾师,吾尤爱真理"。他是一位百科全书式的哲学家,他虽然没有专门的数学著作,但他将前人的数学推理规范化和系统化,对数学的发展有重大影响。亚里士多德学派的数学贡献主要有:

(1) 提出公理和公设并有所区别:公理是一切科学共有的真理;而公设是专门适用于某一门学科的原理。还要从所推出的结果是否符合实际来检验公理或公设是否为真。同时指出定义不等于存在,除了少数未经定义的名词之外,应当用构造的方法证明其存在。

(2) 创立了逻辑学,把形式逻辑的方法用于数学推理,为欧几里得的演绎几何体系奠定了方法论的基础。提出的"三段论法""矛盾律""排中律"成为数学中间接证明的核心方法。

6.1.2　亚历山大时期

随着马其顿的亚历山大大帝的去世和他的帝国的分裂(公元前 323 年),以雅典为中心的古希腊文明开始逐渐衰落,而在北非新建的城市亚历山大里亚成为古希腊文明的中心,开启了古希腊数学的亚历山大时期。

亚历山大时期的数学特点是:几何脱离哲学而独立成为真正的演绎科学。公理化方法在几何中取得辉煌成就。代数也有一些进展。初等几何、算术、初等代数已初见雏形。

6.1.2.1　亚历山大时期前期

亚历山大时期以公元前 30 年罗马帝国吞并希腊为分界,分为前后两期。**亚历山大前期**是希腊数学的全盛时期,这一时期**亚历山大学派**的代表人物是名垂千古的三大数学家：欧几里得、阿基米德和阿波罗尼奥斯。

1. 欧几里得——公理化方法的开创者

图 6.6   欧几里得

欧几里得（Euclid）（图 6.6）是希腊论证几何学的集大成者。欧几里得的成就涉及数学、力学、光学和音乐等方面，现存的著作有《几何原本》《论剖分》《现象》《光学》《镜面反射》等。其中最著名的莫过于《几何原本》，该书的原名为 *Elements*，我国明代学者徐光启与意大利传教士利玛窦合译该书时，将书名确定为《几何原本》（简称《原本》）。《原本》是数学史上一个伟大的里程碑，被西方科学界奉为"圣经"，是数学史上流传最广的著作之一，具有无与伦比的崇高地位。

1)《原本》与公理化方法

《原本》共分 13 卷，从 23 个定义、5 条公设和 5 条公理出发，演绎出 96 个定义和 467 条命题，构成了历史上第一个数学公理体系，几乎涵盖了前人所有的数学成果（见 3.1 节）。

《原本》的第 1 卷是全书逻辑推理的基础，给出了一些必要的定义、公设和公理，第 1~4 卷和第 6 卷包括了平面几何的一些基本内容，如全等形、平行线、多边形、圆、毕达哥拉斯定理、初等作图及相似形等。其中的第 2 卷和第 6 卷还涉及用几何形式来处理代数问题，第 5 卷讲比例尺，第 7~9 卷的内容是关于数论方面的，第 10 卷讲不可公度量，第 11~13 卷内容属于立体几何方面。

后人把欧几里得建立的几何理论称为**"欧氏几何"**，欧氏几何成立的平面称为**"欧氏平面"**，欧氏几何成立的空间称为**"欧氏空间"**。欧几里得在《原本》中使用的这种建立理论体系的方法称为**"公理化方法"**（原始公理法）。

2)《原本》中的重要收录

（1）**欧多克索斯的比例论**。欧多克索斯（Eudoxus）也是古希腊的大数学家，他的两项重大成就：处理不可公度量的比例论和提出"穷竭法"。其中的比例论是《原本》第 5 卷的主要内容。

欧多克索斯的比例论的关键，就是他给出的比例相等的定义，用现代的代数符号表示就是：$a:b=c:d$ 是指，如果对于任给的正整数 m,n，只要 $ma>nb$，总有 $mc>nd$；只要 $ma=nb$，总有 $mc=nd$；只要 $ma<nb$，总有 $mc<nd$。或更简洁叙述为：$a:b=c:d$ 是指，对任一分数 $\dfrac{n}{m}$，商 $\dfrac{a}{b}$ 和 $\dfrac{c}{d}$ 同时大于、等于或小于这个分数。

这一定义被誉为数学史上的一个里程碑。其贡献在于：如果在只知道有理数而不知道无理数的情况下，它指出可以用全部大于某数和全部小于某数的有理数来定义该数，从而使可公度量和不可公度量都能参与运算。欧几里得正是从这一定义出发，推出"$a:b=c:d$，则 $a:c=b:d$"等 25 个有关比例的命题，并对毕达哥拉斯学派的研究成果进行再整理,重新证明了由于不可公度量的发现而失效的命题。

(2) **素数无穷多个的证明**。"素数无穷多个"这个命题的证明收录在《原本》的第 9 卷,这个命题及证明都是古希腊数学的经典之作。

命题 素数的个数有无穷多。

证明 假设素数只有有限个,不妨设为 $2,3,5,\cdots,P$,其中 P 为最大的素数,定义数 $Q=(2\times3\times5\times\cdots\times P)+1$,明显地,$Q$ 不能被 $2,3,5,\cdots,P$ 当中的任何一个素数所整除,因为被其中任何一个数去除,所得到的余数都是 1。因此,Q 是一个比 P 大的新的素数。这与我们的假设,P 是最大的素数相矛盾,故假设是错误的,从而素数有无穷多个。

上述证明并不是原文的逐句翻译,但采用反证法和构造法是该证明的核心思想。而且这里还提供了一种寻找新素数的计算方法,即,若 P 是素数,则一定可以从 $P+1$ 开始,在不超过 $P!+1$ 之前找到一个比 P 更大的素数。

3)《原本》的不足

《原本》的明显不足之处如下:

(1) 对点、线、面等的定义不是真正意义上的定义,后面也未再用到过。

(2) 公理(公设)不完全,缺少运动、顺序、连续等公理,因此在许多证明中还需要借助直观。

(3) 第Ⅳ公设"所有直角都相等"不独立,可由其他公理推出。

(4) 多次利用未提出过的假定,将图形上可以看出来的结果看作无需证明的事实。

(5) 第Ⅴ公设(也称平行公理)具有非明显性,且叙述显得不简洁。

1899 年,德国数学家希尔伯特研究了几何学的基础问题,提出了几何学的现代公理系统及构造原则,才弥补了上述欧氏几何学的前 4 条不足。

众所周知,对于第 5 条不足,数学家们经历了 2000 多年的探索,最后导致了非欧几何的诞生并产生深远影响,改变了人们对于公理化系统及数学本质等一系列基本问题的认知。

2. 阿基米德——数学之神

阿基米德(Archimedes,前 287—前 212)(图 6.7)没有大部头的著作,但写出了大量的数学及力学方面的简短的书籍和文章。他的数学成就可概述如下:

1) 分析学

(1) **圆的度量**。阿基米德的杰出贡献在于发展了穷竭法,用于计算周长、面积或体积,通过计算圆内接和外

图 6.7 阿基米德

切正 96 边形的周长,求得圆周率 π 介于 $3\frac{1}{7}$ 和 $3\frac{10}{71}$ 之间(约为 3.14),是数学史上第一次给出科学求圆周率的方法。

(2)**抛物线弓形的面积及螺线**。阿基米德用了两个不同的方法——力学方法和极限方法求出了**抛物线弓形面积**等于同底等高的三角形面积的 $\frac{4}{3}$ 倍,这是平面上的积分学问题。他定义了今天称为**阿基米德螺线**的曲线,其极坐标表示为 $\rho = a\theta(a > 0)$,讨论该螺线的切线的诸多性质,以及求出了螺线的第一圈与极轴所围平面图形的面积是 $\frac{4}{3}\pi^3 a^2$,这也是平面上的积分学问题(图 6.8)。

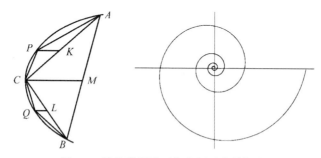

图 6.8　抛物线弓形面积和阿基米德螺线

(3)**劈锥曲面体与旋转椭圆体**。劈锥曲面体是旋转抛物面或旋转双曲面被一个平面所截下的部分。阿基米德对劈锥曲面体和旋转椭圆面所围成的立体的计算是三维空间中的积分学问题。

2)**几何学**

(1)**球与圆柱体**。阿基米德在讨论球与圆柱体时,引进了凸曲线和凸曲面的概念;提出了"有相同端点的一切线中直线段最短"的假设;得到了包括许多关于圆锥体的体积和球缺的结果等。他证明了球的体积与球的外切圆柱的体积之比是 2∶3,而且球的表面积和圆柱表面积之比也是 2∶3,这是他引以为豪的发现。根据阿基米德的遗愿,他的墓碑上就刻着一个圆柱和内接球的图形,而这个图形也刻入了菲尔兹奖奖章的一面。

(2)**平面几何命题**。阿基米德的著作《引理集》中含有《原本》中所没有包括的 15 个平面几何命题。

3)**代数学**

(1)**数论**。在《砂粒的计数》的文章中,阿基米德创造了一套记大数的方法,简化了冗长的希腊数字的计数方法,并说明可以将数写得大到人们不可思议的地步。他对数的位值制的认识和对任意大数的思考都极具创造性。

（2）**方程问题**。在《牛群问题》的文章中,阿基米德提出了求 4 组不同颜色的公牛和母牛的数目,含有 8 个未知数,要求满足 7 个条件,属于不定方程的问题。在《论球与圆柱》一书中,还包含了用抛物线和双曲线的交点求解一个三次方程的问题。

4）**数学方法论**

阿基米德所著《处理力学定理的方法》一书,阐述了他用"力学"方法得到数学中的几个最主要发现的过程,其中包括抛物线弓形面积、球的面积和体积等。这种对于数学发明发现的方法讨论,在古代是独一无二的,具有极高的科学价值。尤其是,阿基米德强调这种方法是启发式的,而绝非严格证明。从而要将发现与证明加以严格区分。

阿基米德是将数学与物理结合研究的最早典范。他的著作《论平面图形的平衡》(两卷),采用几何方法建立了杠杆原理和许多平面图形的中心计算公式,使他被认为是理论力学的奠基人。著作《论浮体》(两卷),用公理化的方法建立了严格的流体静力学,这使他又被认为是流体静力学的奠基人。阿基米德还发明、制作过天文仪器,螺旋提水器等装置。

阿基米德的工作影响之深远,从 16 世纪和 17 世纪的西方著名数学家,如开普勒、伽利略、笛卡儿、费马等的工作中,都可略见一斑。若没有阿基米德为杰出代表的古希腊数学基础,近代数学的发展将无法想象。

3. 阿波罗尼奥斯——严密的《圆锥曲线论》缔造者

阿波罗尼奥斯(Apollonius)的主要贡献是在前人工作的基础上发展了圆锥曲线理论。他对圆锥曲线的研究打破了《原本》中几何对象只限于直线和圆的限制。

（1）**《圆锥曲线论》的内容**。《圆锥曲线论》共 8 卷,包含 487 个命题,仿照《原本》,全书是以演绎推理的公理化模式组织的,将圆锥曲线的知识予以严密的系统化。书中首先证明了三种圆锥曲线都可以由同一个圆锥体截取而得,并给出抛物线、椭圆、双曲线等至今仍使用的名称。然后广泛地讨论了圆锥曲线的性质,尤其是在没有解析几何和微积分等数学工具的情形下,阿波罗尼奥斯详尽地讨论了圆锥曲线的切线、法线、渐近线和渐屈线等,得到了现代数学中关于圆锥曲线的几乎全部的几何知识。

（2）**《圆锥曲线论》的作用**。在德国数学家、天文学家开普勒研究行星绕日运动时,他希望寻找一条合适的曲线,这条曲线能符合实际观测得到的行星运动轨迹的数据,古希腊传统观念中最和谐的曲线——圆与数据不符,经过多次尝试,开普勒选择了椭圆。因此,可以说,阿波罗尼奥斯的圆锥曲线论恰好为开普勒的天文学研究提供了合适的数学模型。

6.1.2.2　亚历山大时期后期

公元前 1 世纪,希腊被罗马征服,唯理的希腊文明被务实的罗马文明所取代,古希腊数学进入**亚历山大后期**。这一阶段的希腊数学远没有前期那种创造性,但仍然出现了几位出色的数学家：海伦、丢番图、托勒密和帕普斯等。

1. 海伦——测量大师

海伦擅长解决几何测量问题。著名的"海伦公式"就是他的杰作。他在论证中大胆使用某些经验性的近似公式，并且注重数学的实际应用。他的数学成就包括正三角形到正十二边形面积计算法；长方台体积公式；求立方根的近似公式等，著有《量度论》一书。

2. 丢番图——代数学之父

丢番图的主要著作是《算术》一书。全书共 10 卷，包含 290 个问题。该书将代数从几何中脱离出来，并采用一套缩写符号，在希腊数学中独树一帜，丢番图因此被后人称为"代数学之父"。《算术》一书以研究不定方程著称，因而现代数学中的不定方程被称为丢番图方程。17 世纪，"业余数学家之王"费马在阅读《算术》一书时的批注，引出了著名的"费马大定理"。

3. 托勒密——地心说的缔造者

托勒密发展了亚里士多德的思想，建立了"地心说"，成为整个中世纪西方天文学的经典。他的最重要著作是《天文学大成》13 卷，为天文学的需要，他总结了古代三角学知识，其中最有意义的贡献是一张正弦三角函数表，其角度从 $0°$ 开始以 $\left(\dfrac{1}{4}\right)°$ 为步长，直到 $90°$——这是历史上第一个有明确构造原理的三角函数表。三角学的贡献是亚历山大后期几何学最富有创造性的成就。

4. 帕普斯——传世之作《数学汇编》

帕普斯（Pappus）的《数学汇编》是总结和补充前人成果的重要著作，使得许多宝贵资料得以留存后世 。其中包括帕普斯的创造性成果，例如等周问题、蜂巢结构的极值性质、计算旋转体体积的定理，还有在射影几何中著名的帕普斯问题等。

基督教在罗马被奉为国教后，希腊学术被视为异端邪说横遭破坏。公元 415 年，女数学家、学术领袖希帕提娅（Hypatia）遭到基督徒的野蛮杀害。希腊书籍被大量销毁，所有希腊雅典的学校在公元 529 年被下令关闭，严禁研究和传播数学，数学发展受到致命的打击。公元 640 年，阿拉伯回教徒攻占亚历山大里亚，图书馆被焚，所有书籍被彻底烧毁。希腊数学悠久灿烂的文化历史至此终结。

总之，以古希腊学派为代表的古希腊数学成就辉煌，影响巨大。但受时代的局限，古希腊数学存在数学几何化、计算技术落后、近似计算缺乏、排斥无穷等缺点。

6.2   剑桥学派——顶天立地的巨人

剑桥学派（也称**剑桥分析学派**，因为英国 17 世纪培养出包括牛顿在内的诸多大数学家，分析学有着良好的传统）是英国剑桥大学 19 世纪至 20 世纪上半叶兴起的数学学派,一般分为两个时期:剑桥学派前期和剑桥学派后期。

6.2.1　剑桥学派前期

剑桥分析学派前期的代表人物是微积分学的创立者牛顿,以及沃利斯、巴罗、泰勒、麦克劳林等人。

1. 牛顿

牛顿是人类有史以来最伟大的数学家之一。1663 年,剑桥大学议员 H.卢卡斯(H. Lucas)和剑桥大学签下一项协议,每年出资 100 英镑支持一个教席。100 英镑在当时是一笔不菲的资金。剑桥大学卢卡斯数学讲座教授是有史以来最崇高的教席之一,它的第二任就是牛顿。17 世纪后半叶,牛顿和莱布尼茨共同创立的微积分是科学史上划时代的事件,解决了许多工业革命中迫切需要解决的大量有关运动变化的实际问题,展示了它无穷的威力。

微积分还在应用中推动了许多新的数学分支的发展,例如,常微分方程、偏微分方程、级数理论、变分法、微分几何等。微积分以及其中的变量、函数和极限等概念,运动、变化的思想,使辩证法渗入了全部近代数学,并使数学成为精确地表述自然科学和技术的规律及有效地解决问题的有力工具。

2. J.沃利斯(J.Wallis)

沃利斯是早在牛顿和莱布尼茨之前,将分析法引进微积分,贡献最为突出的数学家,英国皇家学会的创始人之一。1656 年,沃利斯把卡瓦列利方法系统化(意大利数学家 B.卡瓦列利(B. Cavalieri,1598—1647)于 1635 年出版了《不可分量的几何学》一书,书中引入了所谓的"不可分量",认为线是由无限多个点组成的,面是由无限多条平行线段组成的,立体则是由无限多个平行平面组成的,并将这些元素分别称为线、面和体的"不可分量",并建立了关于这些不可分量的普遍原理,即卡瓦列利原理),使"不可分量"更接近于定积分的计算,在其所著的《无穷算术》中包括有分数幂函数的积分公式 $\int_0^a x^{p/q}\,\mathrm{d}x = \dfrac{q}{p+q}a^{(p+q)/q}$、计算无理数 π 的著名的沃利斯公式 $\dfrac{4}{\pi} = \dfrac{3}{2} \times \dfrac{3}{4} \times \dfrac{5}{4} \times \dfrac{5}{6} \times \dfrac{7}{6} \times \cdots$ 以及无穷小分析的算术化等内容,他引入无穷级数、无穷乘积,首创无穷大符号 ∞,最先说明零指数、负指数和分数指数的意义,沃利斯的工作为牛顿创立微积分开辟了道路。

3. I.巴罗(I. Barrow)

巴罗是微积分的先驱者之一,是 1664 年设立的卢卡斯数学讲座教授的首任,也是牛顿的老师。巴罗在几何学、光学、神学和古典文学方面都卓有建树,后来成为三一学院的院长以及剑桥大学的副校长。巴罗的主要科学成就是建立了光学成像的数学理论。1669 年,品德高尚、荐贤举能的巴罗老师将卢卡斯讲座教授的席位让给年轻的牛顿,留下一段佳话。巴罗在 1664 年的研究成果发表于《几何讲义》中,他认识到求切线方法的关键概念是所谓的"特征三角形",即 $\frac{\Delta y}{\Delta x}$,他不仅给出了求曲线切线的方法,而且用几何形式揭示了求曲线的切线和求曲线所围成面积这两个问题的互逆性,已探及了微积分基本定理的精髓。

4. B.泰勒(B. Taylor)

泰勒本是法学博士,却以微积分中将函数展成无穷级数的泰勒定理而留名数学史。1712 年他被选入英国皇家学会,并进入牛顿和莱布尼茨发明微积分优先权争论委员会。1715 年,泰勒出版《正和反的增量法》一书,陈述了他早在 1712 年就已经得到的著名的泰勒定理。泰勒对数学的贡献,远比一条以其名字命名的定理多得多。他所涉及的、创造的但未能进一步发展的主要数学概念繁多,但泰勒的工作过分简洁而抽象,使人难以追踪和理解他的思想。

5. C.麦克劳林(C. Maclaurin)

麦克劳林于 1719 年访问伦敦,成为牛顿的门生。1724 年,在牛顿的大力推荐和资助下,麦克劳林获得了爱丁堡大学的数学教授职务。1742 年,他撰写的《流数论》,以泰勒级数作为基本工具,成为对牛顿的流数法作出符合逻辑的、系统解释的第一本书,其中就包括了著名的麦克劳林级数。这本书曾作为严密的微积分标准教材,该书在为牛顿的流数法提供几何框架的同时,反驳了贝克莱大主教对牛顿微积分学的恶意攻击。

1812 年,"剑桥分析学会"创立,学会的活动不仅大大推动了剑桥大学新分析的发展,而且使英国数学研究出现转机。此后,英国数学主要沿着两个方向发展,一个方向是以偏微分方程为主要工具寻求解决物理问题的一般数学方法,取得了卓著成果,实现了英国数学的第一次振兴。另一方向是纯数学的兴起,从传统的、实用具体的思考方式向理论的、抽象的思考方式转变。1837 年,《剑桥数学杂志》(后更名为《纯粹与应用数学季刊》)创刊,极大地刺激了剑桥大学的数学研究,该刊延续至今。

6.2.2　剑桥学派后期

剑桥分析学派后期的代表人物是哈代和李特尔伍德。

1. G.H.哈代(G. H. Hardy)

哈代 1898 年毕业于剑桥大学三一学院,1900 年被推选为三一学院的研究员。1919 年应聘到牛津大学担任萨维尔几何学教授一职,1931 年又重返剑桥任赛德林纯粹数学教授,直到 1942 年退休。

哈代的数学贡献涉及解析数论、调和分析和函数论等领域,一生共发表 350 篇论文并出版 8 部专著。从 1900 年起,他就成为知名的分析学家。1908 年出版《纯粹数学教程》,涉及微积分、无穷级数和极限等基本内容,是英国第一本严格的初等分析教程。他撰写的《不等式》和《发散级数》等著作也都有着深远的影响。他在1910 年当选为英国皇家学会会员,1947 年当选为法国科学院外籍院士,并曾荣获1920 年皇家勋章、1929 年德·摩根奖章和 1940 年西尔维斯特奖章等荣誉。

2. J.E.李特尔伍德(J. E. Littlewood)

李特尔伍德是比哈代晚 7 年的校友,1910 年到剑桥大学执教,从 1928 年起任英国剑桥大学教授,至 1950 年退休。他在数论中的素数分布理论、华林问题、黎曼函数、调和分析的三角级数理论、发散级数求和与陶伯型定理、不等式、单叶函数以及非线性微分方程等许多方面都有重要的贡献。他的工作对分析学的发展有深刻的影响。从 1931 年开始,他同佩利合作,研究傅里叶级数与幂级数,建立了以他们的名字命名的李特尔伍德-佩利理论。这一理论在近代调和分析中占有重要的地位,并且仍在继续发展中。

哈代和李特尔伍德从 1911 年开始进行了长达 35 年的长期合作,35 年间共同研究了丢番图逼近、堆垒数论、数的积性理论、黎曼函数、不等式和三角级数等广泛的内容,共同维护了 20 世纪上半叶具有世界水平的英国剑桥分析学派后期的辉煌。

1914 年,印度数学家 S.A.拉马努金(S. A. Rāmānujan)到剑桥工作,短短 5 年发表 21 篇论文,与哈代在分析学的多个领域有合作。1928 年,李特尔伍德开设高级讨论班,以"谈话班"著称,气氛自由而热烈,培养了一批有成就的年轻数学家。该学派将严密化的分析及积分方程、测度论等工具用于数论、函数论研究,发展起圆法等分析方法,形成 20 世纪崭新的分析风格。但不得不指出的是,剑桥分析学派中过分强调纯粹数学的倾向束缚了其他数学分支的发展。

第二次世界大战后,剑桥数学研究开始向多元化转轨,剑桥分析学派逐渐成为历史。

6.3 哥廷根学派——一脉相承,承前启后

哥廷根是德国中部的小城,哥廷根大学创立于 1743 年。1795 年 18 岁的高斯进入哥廷根大学深造,并于 1807 年被邀请回到母校任天文学、数学教授,直到1855 年去世,他终其一生在母校生活和工作,以卓越的成就改变了德国数学在 18世纪初莱布尼茨逝世后的冷清局面,同时开创了哥廷根的数学传统。高斯去世后,他的学生——大数学家狄利克雷、黎曼在哥廷根大学工作,继续并推进他的事业,扩大了哥廷根大学的影响,但哥廷根仍未成为欧洲的数学中心。

19 世纪 80 年代,德意志民主的统一将德国科学带入一个发展高峰,为赶超英国、法国等老牌资本主义国家,德国政府在国内大力推行鼓励科学发展的政策。1872 年,F.克莱因(F.Klein)(图 6.9)发表几何学中的"埃尔朗根纲领"(见 3.4 节)

而声名鹊起。1886 年,克莱因受命来到哥廷根大学任教。克莱因不但具有极高的数学才能和巨大的科学威望,还有非凡的组织才能,他首先网罗人才,第一个选中的就是希尔伯特(图 6.9)。1895 年,即高斯进入哥廷根大学的 100 周年,希尔伯特被邀请到哥廷根。此后,在两人的共同努力下,闵科夫斯基、C.D.T.龙格(C.D.T. Runge)等大数学家来哥廷根工作,大批世界各国的优秀青年学者涌向哥廷根,对哥廷根数学的繁荣意义重大,由此开创了哥廷根学派 40 年的伟大基业,使哥廷根成为 20 世纪初的世界数学中心。"打起你的背包来,到哥廷根去!"成为 20 世纪初世界上学习数学、热爱数学的学生们听到的最鼓舞人心的劝告。

图 6.9   克莱因(左)和希尔伯特(右)

前往哥廷根的青年学者,不仅来自欧洲,还有来自亚洲以及美国。据统计,1862 年至 1934 年这 12 年间,美国数学家获得外国学位的 114 人中,有 34 人是在哥廷根大学获得博士学位的,占比近 1/3。

哥廷根学派坚持数学的统一性,对世界数学的发展产生过极其深远的影响。哥廷根之所以能成为 20 世纪初的数学圣地,著名数学家的摇篮,有它深刻的社会、环境、人文等原因,例如,学术带头人为罕见的全才,富有开拓精神的学术骨干云集,自由、平等、协作的学术空气浓厚等。闵科夫斯基就曾说过:"一个人哪怕只是在哥廷根作短暂的停留,呼吸一下那里的空气,都会产生强烈的工作欲望。"

20 世纪享有盛名的诺特、E.阿廷(E.Artin)、哈代、范德瓦尔登的代数群体出自哥廷根;数学基础的主要代表 E.策梅洛(E.Zermelo)出自哥廷根;E.G.H.兰道(E.G.H.Landau)的工作使哥廷根成为数论的研究中心;特别地,为量子力学提供严格的数学基础,发展了泛函分析的冯·诺依曼,当过希尔伯特的助教;在偏微分方程求解方面的工作为空气动力学等一系列课题奠基的 R.库朗(R.Courant)是克莱因的继承人,他们都是世纪性的代表人物。在哥廷根大学学习过的学生,著名的如 G.波利亚(G.Pólya)、高木贞治(Takagi Teiji)、S.麦克莱恩(S. Maclane)等,与哥廷根大学有关的数学成就更是数不胜数。

1933 年,希特勒上台后,掀起了疯狂的种族主义和迫害犹太人的风潮,使德国科学界陷于混乱,包括很多犹太种族的哥廷根学派遭受的打击尤为惨重,大批科学家被迫移居国外,外尔、阿廷、库朗、诺特、冯·诺依曼、波利亚……希尔伯特的学生有的还惨遭盖世太保的杀害,曾经盛极一时的哥廷根学派衰落了。

1943 年,希尔伯特于极度悲愤和孤独中在哥廷根与世长辞,战争阻碍了人们对这位当代数学大师的及时悼念。但是希尔伯特在演讲中曾说过的话:"我们必须知道,我们必将知道!"作为强大的精神力量,将一直在历史深处发出永远的回响!

几乎所有的希尔伯特学派(哥廷根学派后期也被称为希尔伯特学派)的成员均移居美国,这一批世界顶尖的数学家使美国大为受益。1943 年,外尔在美国建立了"普林斯顿高等研究院",以数学为主要研究方向。库朗在纽约建立了"库朗应用数学研究所"。这两者都继承了哥廷根数学的优秀传统,位居世界上最先进的数学研究所行列。

6.4　布尔巴基学派——现代数学的源泉

20 世纪 30 年代后期,法国数学期刊上发表了若干署名为尼古拉·布尔巴基的论文。1939 年,尼古拉·布尔巴基出版了现代数学的综合性丛书《数学原本》第一卷,但没有人真正见到过作者,谁是尼古拉·布尔巴基? 成了法国数学界的一个谜。

20 世纪 20 年代,一些百里挑一的天才人物进入巴黎高等师范学校,但他们遇到的都是些著名的老迈学者,这些学者对 20 世纪数学的整体发展缺乏清晰的认识。而且,这个时期的法国人还故步自封,对突飞猛进的哥廷根学派的进展不甚了解,对其他数学学派更是一无所知,只知道栖居在自己的函数论天地中。虽然函数论是重要的,但毕竟只是数学的一部分。

进入巴黎高等师范学校的年轻人,深刻认识到法国数学同世界先进水平的差距,不满法国数学的现状,不愿意只囿于"函数论的王国",更不想看到有着笛卡儿、费马、拉格朗日、拉普拉斯、柯西、傅里叶、伽罗瓦、庞加莱等著名数学大家,持续了200 多年的法国优秀数学传统就此中断。这些有远见卓识的年轻人组成了布尔巴基学派,以尼古拉·布尔巴基为笔名发表论文和著作。恰恰是这些年轻人,使法国数学在"二战"后还能保持先进水平,而且影响着 20 世纪中叶以后现代数学的发展。

布尔巴基学派的主要代表人物有韦依、J.A.E.迪厄多内(J. A. E. Dieudonné)、H.嘉当(H. Cartan)、C.谢瓦莱(C.Chevalley)、J.德尔萨特(J. Delsarte)。

布尔巴基学派成员力图把整个数学建立在集合论的基础上。1935 年年底,布尔巴基学派提出了他们的重大发明:一般的数学结构的观念。这一思想是受到 19世纪初代数学的主流——抽象代数的影响,来源于在代数领域中占统治地位的公理化方法。布尔巴基学派认为全部的数学基于三种母结构：代数结构、序结构、拓扑结构。数学的分类不再划分为代数、几何、分析等分支，而是依据结构的相同与否来分类。因而，布尔巴基学派也就将数学结构视为了数学的唯一对象，认为数学表现为数学结构的仓库。他们将其数学结构主义观点发表在经典著作《数学原本》中。

在20世纪50—60年代，结构主义观点盛极一时，60年代中期，布尔巴基学派的声望达到了顶峰。他们在20世纪的数学发展过程中，承前启后，把长期积累的数学知识按照数学结构整理为一个井井有条、博大精深的体系，对数学的发展有着不可磨灭的贡献。布尔巴基学派的数学结构体系及这个体系的贡献无疑是当代数学的主流和重要组成部分，成为现代数学取之不尽、用之不竭的源泉。

但是，客观世界千变万化，与古典数学的具体对象有关的学科及分支很难利用结构观念一一加以分析，更不用说公理化了。布尔巴基学派对数学对象本身是数量、图形或运算并不关注，他们只关注抽象的数学结构，因此就有了局限性。在20世纪70年代获得重大发展的分析数学、应用数学、计算数学等分支促使数学的发展，抛弃了布尔巴基学派的抽象的、结构主义道路，而转向了具体的、构造主义的、结合实际的、结合计算机的道路，布尔巴基学派的黄金时代落幕了。

6.5   菲尔兹奖——青年数学精英之奖

J.C.菲尔兹(J.C.Fields)1863年5月14日生于加拿大的渥太华，他在加拿大的多伦多大学获数学学士学位，24岁在美国约翰斯·霍普金斯大学获博士学位，研究方向是常微分方程。两年后，菲尔兹在美国阿勒格尼大学任教授。1892—1902年，菲尔兹游学欧洲。1902年之后，菲尔兹回到多伦多大学执教。作为一位数学家，他在代数函数方面有一定建树，成就不算突出，但作为一位数学事业的组织、管理者，菲尔兹却功绩卓著。

19世纪中叶至20世纪初，世界数学中心在欧洲，北美的数学家差不多都要到欧洲学习或工作一段时间。1892—1902年整整10年，菲尔兹远渡重洋，到巴黎、柏林学习和工作，与一些著名数学家有密切的交往，这一段经历大大地开阔了他的眼界。菲尔兹对于数学的国际交流的重要性，对于促进北美数学的发展，都有一些卓越的见解。为了使北美的数学迅速赶上欧洲，菲尔兹几乎单枪匹马、竭尽全力地主持筹备了1924年在加拿大多伦多举办的第7届国际数学家大会(International Congress of Mathematicians，ICM)，这是在欧洲之外召开的第一次大会。这次大会非常成功，对于北美的数学水平的提升产生了深远的影响。但菲尔兹因筹办会议精疲力竭，健康状况每况愈下。

1924年在多伦多举办ICM后，大会的经费有结余，菲尔兹提出设立一个数学奖,为此他积极奔走于欧美各国寻求广泛的支持,并打算在 1932 年于瑞士苏黎世召开的第 9 届 ICM 上亲自提出建议。但未等到大会开幕,1932 年 8 月 9 日菲尔兹不幸病逝,去世前他立下设立数学奖的遗嘱,并将一笔个人的捐款加进上述的剩余经费中,由多伦多大学将之转交第 9 届 ICM 组委会,大会决定接受这笔奖金。菲尔兹曾要求,奖金不要以任何个人、国家或机构来命名,而用"国际奖金"的名义。但是,大家仍然一致决定叫"菲尔兹奖",希望用这一方式来表达对菲尔兹的纪念。

1936 年,在挪威奥斯陆举办的第 10 届 ICM,第一次颁发菲尔兹奖。此后由于第二次世界大战爆发而中断,直到 1950 年才重新恢复颁奖。第一次颁发菲尔兹奖及此后几次颁奖,并没有引起世人的特别关注,科学杂志一般也不报道。但从开始设奖的二三十年之后,菲尔兹奖就逐渐被人们认为是"数学界的诺贝尔奖"。70 年后,每届 ICM 的召开,从数学杂志到一般的科学杂志,以至报纸都争相报道获得菲尔兹奖的人物。菲尔兹奖的声誉不断提高。

菲尔兹奖的地位能与诺贝尔奖相提并论,这是因为:①它是由数学界的国际权威学术团体 IMU 主持,从全世界一流的青年数学家中遴选出来的,保证了评奖的准确、公正;②它在每四年召开一次的 ICM 上隆重颁发,每次至多 4 名获奖者(1966 年以前,每届获奖者为 2 人;1966 年以后,每届可增至 4 人),获奖机会比诺贝尔奖还少;③获奖人才出色,赢得了国际社会的声誉,他们都是数学界的青年精英,不仅在当时做出重大成果,而且日后将继续取得成果。

菲尔兹曾倡议,获奖者不但已获得重大成果,同时还有进一步获得成就的希望。因此,菲尔兹奖获得者一般是中青年,获奖时都不超过 40 岁,开始是不成文的规定,在 1974 年的温哥华召开的第 17 届 ICM 上则正式对此作了明文规定。

迄今,已有两位华人数学家获此殊荣。美籍华裔数学家丘成桐由于 1976 年解决了微分几何领域里著名的"卡拉比猜想",以及解决了一系列与非线性偏微分方程有关的其他几何问题,并证明了广义相对论中的正质量猜想等杰出成就,于1982 年获得菲尔兹奖。澳籍华裔数学家陶哲轩因对偏微分方程、组合数学、混合分析和堆垒素数论的杰出贡献,于 2006 年获得菲尔兹奖。

证明费马大定理的英国数学家怀尔斯在 1994 年刚过 40 岁,这使他错过了获菲尔兹奖的机会。在 1998 年第 23 届 ICM 上,他被授予了"菲尔兹特别贡献奖"。2014 年,第 27 届 ICM 上,时年 37 岁的伊朗裔女数学家、斯坦福大学教授玛里亚姆·米尔扎哈尼(Maryam Mirzakhani,1977—2017)成为史上第一位获得菲尔兹奖的女性。

菲尔兹奖是一枚金质奖章和 1500 美元的奖金。奖章正面是古希腊数学家阿基米德的侧面头像,以及用拉丁文镌刻的"超越人类极限,做宇宙主人"的格言,这句格言来自罗马诗人 M.玛尼利乌斯(M.Manilius)写于公元 1 世纪的《天文学》中的一句话。奖章背面也用拉丁文镌刻了"全世界的数学家们,为知识做出新的贡献而自豪"一句话,背景为月桂树枝映衬下的阿基米德球体嵌进圆柱体内的图形(图 6.10)。

图 6.10   菲尔兹奖章的正面和背面

6.6   沃尔夫奖——数学之终生成就奖

R.沃尔夫(R.Wolf)是一个传奇式的人物,他生于德国的一个犹太家庭,青年时代曾在德国研究化学,并获得化学博士学位。第一次世界大战前,沃尔夫移居古巴,他用了将近 20 年的时间,经过大量试验,历尽艰辛,成功地发明了一种从炼钢废物中提取金属的工艺,获得成功并致富。1961—1973 年,他曾任古巴驻以色列大使,此后定居以色列并在那里度过余生。

1976 年,沃尔夫以"为了人类的利益,促进科学和艺术的发展"为宗旨,用家族成员捐赠的基金共 1000 万美元,在以色列发起成立了沃尔夫基金会,设数学、物理学、化学、医学和农业 5 个类别的奖项。1978 年首次颁奖,一年一度,可以空缺。1981 年起,沃尔夫奖增设了艺术奖(包括建筑、音乐、绘画、雕塑四大项目)。所有奖项中以沃尔夫数学奖影响最大。沃尔夫奖的每个领域的奖金均为 10 万美元,由获奖者均分。评奖章程规定获奖人的遴选应"不分国家、种族、肤色、性别和政治观点",评奖委员会每年聘请世界著名专家组成,颁奖仪式在耶路撒冷举行,由以色列总统亲自颁奖。

据统计,沃尔夫物理学奖、化学奖和医学奖的获得者中,有近 1/3 的人接着获得了相关领域的诺贝尔奖,因此沃尔夫奖的声誉越来越高,其影响力仅次于诺贝尔奖。

沃尔夫数学奖具有奖励终身成就的性质,所以获奖的数学家一般年龄都在 60 岁以上,都是蜚声数坛、闻名遐迩的当代数学大师,他们的成就相当程度上代表了当代数学的水平和进展。例如,公理化概率论的创始人、莫斯科大学的柯尔莫哥洛夫于 1980 年获奖;提出伊藤定理、对随机分析做出奠基性贡献的日本京都大学的伊藤清(Itŏ Kiyoshi)于 1987 年获奖;提出了混沌概念的先声——斯梅尔马蹄,极具原创思想与非凡成就的加州大学伯克利分校的斯梅尔于 2007 年获奖（早在 1966 年，斯梅尔就获得了菲尔兹奖）。

在华裔数学家中，美籍华裔著名数学家陈省身因在微分几何领域的贡献于 1984 年获沃尔夫数学奖。美籍华裔数学家丘成桐因在几何分析方面的贡献和对几何和物理的许多领域产生深远且引人瞩目的影响，于 2010 年获沃尔夫数学奖，是丘成桐继菲尔兹奖后，再次获得的国际顶尖的数学大奖。菲尔兹奖和沃尔夫奖双奖得主，迄今只有 13 位。

证明费马大定理的普林斯顿大学的英国数学家怀尔斯于 1996 年，年仅 43 岁成为最年轻的沃尔夫数学奖得主，是这项奖励年龄一般超过 60 岁的数学家的一个特例。

参考题

1. 分析古希腊数学产生的历史背景、特点、意义，简述阿基米德的数学成就。

2. 阐述欧几里得的《几何原本》的特点和历史地位。

3. 分类讨论各种悖论（不限于数学悖论）产生的根源是什么？数学悖论的作用有哪些？

4. 中国古代数学与古希腊数学有哪些不同之处？

5. 简述布尔巴基学派的主要观点及其局限性。

6. 菲尔兹奖有何特点？为什么该奖被认为是数学界的"诺贝尔奖"？

7. 世界范围内还有哪些比较有影响的数学大奖？（参看"扩展阅读——数学大奖及数学难题"）

8. 千禧年七大数学难题是什么？目前研究进展如何？（部分参看"扩展阅读——数学大奖及数学难题"）

扩展阅读——数学大奖与数学难题

1. 菲尔兹奖、沃尔夫奖的华裔获得者

（1）陈省身（中-美，1911—2004）：陈省身是创立现代微分几何学的大师。他结合微分几何与拓扑学的方法，完成了黎曼流形的高斯-博内一般形式和埃尔米特流形的示性类论。并首次应用纤维丛概念于微分几何的研究，引进了后来通称的陈氏示性类，为大范围微分几何提供了不可缺少的工具。1984 年陈省身获沃尔夫奖。

（2）丘成桐（中-美，1949—　）：丘成桐的主要贡献是偏微分方程在微分几何中的应用,他证明了卡拉比猜想和正质量猜想,对微分几何和数学物理的发展影响深远。1982 年丘成桐获得菲尔兹奖,2010 年获得沃尔夫奖,是继陈省身后第二位获得沃尔夫数学奖的华人,也是迄今为止唯一一位菲尔兹奖和沃尔夫奖双奖得主的华裔数学家。

(3) 陶哲轩(中-澳,1975—   ):2006 年陶哲轩获得菲尔兹奖。菲尔兹奖组委会的颁奖词是:陶哲轩是一位解决问题的顶尖高手⋯⋯他的兴趣横跨多个数学领域,包括调和分析、非线性偏微分方程和组合论。2008 年《探索》杂志评选出美国 20 位 40 岁以下最聪明的科学家,陶哲轩位居榜首。

2. 菲尔兹奖与沃尔夫奖双奖得主

(1) 阿尔斯·阿尔福斯(芬兰-美):1936,1981;

(2) 阿特勒·塞尔伯格(挪威-美):1950,1986;

(3) 小平邦彦(日):1954,1985;

(4) 让-皮埃尔·塞尔(法):1954,2000;

(5) 拉尔斯·荷曼德尔(瑞典):1962,1988;

(6) 约翰·米尔诺(美):1962,1989;

(7) 斯蒂芬·斯梅尔(美):1966,2007;

(8) 迈克尔·阿蒂亚:1966,2004;

(9) 约翰·格里格·汤普逊(美):1970,1992;

(10) 谢尔盖·彼得罗维奇·诺维科夫(俄罗斯):1970,2005;

(11) 戴维·布赖恩特·芒福德(美):1974,2008;

(12) 皮埃尔·德利涅(比利时):1978,2008;

(13) 丘成桐(中-美):1982,2010。

3. 菲尔兹奖与沃尔夫奖之外的国际数学大奖

(1) 奈望林纳奖;

(2) 高斯奖;

(3) 阿贝尔奖;

(4) 邵逸夫奖;

(5) 苏步青奖。

4. 千禧年七大数学难题

数学大师希尔伯特在 1900 年于巴黎召开的第二届世界数学家大会上的著名演讲中提出了 23 个数学难题,在过去百年中激发了数学家的智慧,指引着数学前进的方向。因此在 2000 年初,美国克雷数学研究所的科学顾问委员会选定了 7 个著名的数学问题,对每个问题的解决都可获得 100 万美元的奖励,被称为"千禧年七大数学难题"。

（1）P＝NP?

（2）霍奇猜想；

（3）庞加莱猜想（已由俄罗斯数学家佩雷尔曼解决）；

（4）黎曼假设；

（5）杨-米尔斯规范场存在性和质量缺口假设；

（6）纳维-斯托克斯方程解的存在性与光滑性；

（7）贝赫和斯维纳通-戴尔猜想。

参 考 文 献

[1] 波耶. 微积分概念发展史[M]. 唐生, 译. 上海: 复旦大学出版社, 2007.

[2] 克莱因. 古今数学思想[M]. 张理京, 等译. 上海: 上海科学技术出版社, 2014.

[3] 张奠宙. 20 世纪数学经纬. 上海: 华东师范大学出版社, 2002.

[4] 沙法列维奇. 代数基本概念[M]. 李福安, 译. 北京: 高等教育出版社, 2014.

[5] 欧几里得. 几何原本[M]. 燕晓东, 译. 南京: 江苏人民出版社, 2011.

[6] 谢惠民. 数学史赏析[M]. 北京: 高等教育出版社, 2014.

[7] 钟云霄. 分形与混沌浅谈[M]. 北京: 北京大学出版社, 2010.

[8] 伍夫森. 人人都来掷骰子: 日常生活中的概率与统计[M]. 王继延, 等译. 上海: 上海科技教育出版社, 2010.

[9] 李航. 统计学习方法[M]. 北京: 清华大学出版社, 2012.

[10] 陈希孺. 陈希孺文集·数理统计学教程[M]. 合肥: 中国科学技术大学出版社, 2009.

[11] 朱家生. 数学史[M]. 2 版. 北京: 高等教育出版社, 2011.

[12] 李文林. 数学史概论[M]. 3 版. 北京: 高等教育出版社, 2011.

[13] 林寿. 文明之路: 数学史演讲录[M]. 北京: 科学出版社, 2010.

[14] 张顺燕. 数学的美与理[M]. 北京: 北京大学出版社, 2004.

[15] 张顺燕. 数学的源与流[M]. 2 版. 北京: 高等教育出版社, 2003.

[16] 柯朗, 罗宾. 什么是数学: 对思想和方法的基本研究(增订版)[M]. 左平, 等译. 上海: 复旦大学出版社, 2012.

[17] 张天蓉. 数学物理趣谈: 从无穷小开始[M]. 北京: 科学出版社, 2015.

[18] 曾谨言. 量子力学 I[M]. 4 版. 北京: 科学出版社, 2007.

[19] 曹天元. 上帝掷骰子吗? 量子物理史话[M]. 沈阳: 辽宁教育出版社, 2011.